応用生命科学シリーズ ①
応用生命科学の基礎

永井和夫・松下一信・小林 猛 著

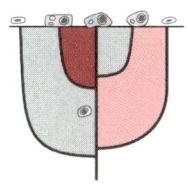

東京化学同人

序

　生命科学は，それぞれ生物学，物理学，化学の面から明らかにされた生物のもつ特質に関する研究成果を総合するとともにその意義を考え，さらにヒトとのかかわりを理解するための学問分野である．

　かつて，生命現象には単なる物質を超えた原理が働いているのではないかと考えられたときもあった．それは，すべての物質は時間とともに変化し分解する方向に進むのに対し，生命はいわば無から始まって有形の個体となりさらには増殖する，という常識を超えた面があったからであろう．20世紀半ばから生命現象を物理化学的に解明しようとする分子生物学が勃興し，生物のもつ基本的な性質である遺伝現象，遺伝子の実体，遺伝子機能の発現，代謝などの原理が明らかにされ，すべての生物に共通な仕組みと，種ごとに見られる微妙な相違についても理解が進んだ．その結果現代では，それまで努力と，経験と，幸運に任せて行われてきた生物の利用，たとえば作物や家畜の品種改良，医薬品の開発，病気の治療などをより理論的に説明し，判断し，適切に進めることができる段階に近づきつつある．同じ原理は，限られた地球の資源をより有効に利用したり，増えすぎた人類の生活を自然との折合いをはかりながら維持するためにも，重要な手がかりを与えてくれるに違いない．

　本"応用生命科学シリーズ"は，大学・研究機関などに所属する現場の研究者が中心となって，上に述べた生命科学の発展の過程で明らかにされた事実を整理するとともに，ヒトの生活とのかかわりあいでどのように理解し，未来を明るいものにするためにいかに応用すべきであると考えているかを述べたものである．特に，この領域は研究の進歩があまりに急速であったために，研究の成果や開発された技術の結果としてつくられた製品，たとえば遺伝子組換えの原理やその技術を利用した新しい医薬品，医療，食品などに関して必ずしも正しくない情報がひとり歩きしていたり，不安感をもたれたりしている面がある．このような現状をふまえて，将来直接この分野にかかわりをもたないと思われる方々にも要点を正しく理解して

いただけるように解説した第1巻"応用生命科学の基礎"から,第9巻"生命情報工学"のように専門性の高い領域に焦点を絞って解説したものまで,幅広く取りそろえることにより読者の便宜をはかったつもりである.高校,高専,専門学校,大学教養課程から専門課程の学生諸君,大学院生から技術者,研究者にいたる多くの読者のみなさんにこの意図をくんでいただければ幸いである.

2002年 2月

応用生命科学シリーズ 編集代表

永 井 和 夫

まえがき

　21世紀はバイオの時代ともいわれる．政府の科学政策のなかでもバイオサイエンスとバイオテクノロジーは重点項目の一つとしてあげられており，その成否は将来における人類の生活基盤を左右する可能性がある．また，新聞やテレビでバイオ関連の話題が見られないことはほとんどないといってよいくらいである．これはわれわれ人類が生物の一員であり，健康問題にしろ，食糧問題にしろ，環境問題にしろ，すべてバイオサイエンスと関連した，避けて通れない問題として多くの人が関心をもっているからであろう．

　しかしながら，バイオ関連分野の一端を専門としているわれわれの眼から見ると，これらマスコミの報道内容には「これは違う」とか，「なぜそんなふうに考えるのだろうか？」と戸惑いすら感じることがままある．その原因の一つとして，担当の記者が文系出身で生物学や化学の基礎を十分に理解していない場合があるかもしれない．また，記事にする以上，読者の興味を想定して"針小棒大"とまではいわないまでも，特定のポイントを強調しすぎて本来のバランスが崩れた内容になってしまうからかもしれない．いずれも，専門でない読者にとっては不安感をかきたてられたり，科学者はわからないところでとんでもないことをしているのではないか，という疑心暗鬼を誘う結果になりかねない．記者のインタビューを受けた後では，記事の内容を確認するまで，はらはらするのが普通なのである．

　このような現状は，もちろんわれわれ科学者のほうにも問題があるであろう．生命科学は多くの人の理解と支援がなくては成り立たない学問分野である．そのような反省も込めて本書は編纂された．できれば文系に関心の深い学生諸君，あるいはすでに文系の職についておられる社会人の皆さんにも目を通していただきたい．理解しづらいところは多少読み飛ばしても，全体を通読された後では，マスコミのバイオ関連記事について以前とは違う見方ができるようになるのではないかと期待している．

　もちろん，本書はこれから生命科学分野に進もうと考えている高校生，

専門学校生，大学1,2年生の学生諸君にとって，よき入門書となることも意図している．本書は"応用生命科学シリーズ"の基礎編として企画されており，本書で基礎を学んだ後に自分の興味がある専門に近いテーマをとりあげている分冊を学ぶことにより，その分野に関する理解がよりいっそう深まり，将来設計の一助ともなることを望んでいる．

　以上のような考えから，本文の話題と関連した身近な例を"コラム"としてエピソード風に紹介し，また，より詳しい内容は"解説"として加えることにより補った．

　本書は，第1，2，3章を永井，第4，5章を松下，第6章を小林が担当した．それぞれの内容について気が付かれた点などご指摘いただければ幸いである．

　本書の編集にあたり，貴重な写真・資料などをご提供いただいた先生方，ならびに，内容の調整を含めて出版にご尽力いただいた東京化学同人の古賀　勇氏，内藤みどり氏に深謝いたします．

2002年 7月

永井和夫・松下一信・小林　猛

目　　次

1章　生命と生物 …………………………………………………… 永井和夫 … 1
1・1　生命現象と生命体 …………………………………………………………… 1
1・2　生命の自然発生説とその否定 ……………………………………………… 2
1・3　生命体を構成する成分 ……………………………………………………… 4
1・4　生命の起原 …………………………………………………………………… 10
1・5　生命の進化 …………………………………………………………………… 11
1・6　生命体の最小単位としての細胞 …………………………………………… 14

2章　細胞の構造と機能 …………………………………………… 永井和夫 … 18
2・1　細菌の構造と機能 …………………………………………………………… 18
2・2　真核細胞の構造と機能 ……………………………………………………… 23
2・3　原核細胞の増殖と機能の利用 ……………………………………………… 25
2・4　真核細胞の増殖と機能の利用 ……………………………………………… 29
　　解説 2・1　ペニシリンはなぜ有効なのか ………………………………… 32
　　解説 2・2　大腸菌の世代時間が 20 分になりうるわけ ………………… 33
　　解説 2・3　細胞の寿命 ……………………………………………………… 34

3章　遺伝子の構造と機能 ………………………………………… 永井和夫 … 37
3・1　遺伝と遺伝情報 ……………………………………………………………… 37
3・2　遺伝情報を担う物質 ………………………………………………………… 40
3・3　DNA の構造 ………………………………………………………………… 43
3・4　DNA は遺伝情報の担体としてふさわしいか …………………………… 45
3・5　遺伝情報はどのようにして実体化するのか ……………………………… 45
3・6　RNA と転写 ………………………………………………………………… 47
3・7　遺伝子の構造と転写調節 …………………………………………………… 48
3・8　真核生物における mRNA の成熟過程 …………………………………… 51

3・9　翻訳: タンパク質の合成 …………………………………… 53
3・10　タンパク質の機能発現 ………………………………… 56
3・11　DNAの複製 …………………………………………… 58
3・12　DNA複製開始の制御 ………………………………… 61
3・13　DNAの伝達 …………………………………………… 63
　3・13・1　形質転換 ………………………………………… 63
　3・13・2　接　合 …………………………………………… 64
　3・13・3　遺伝子導入 ……………………………………… 65
3・14　制限酵素 ……………………………………………… 65
3・15　遺伝子組換えによる遺伝子の導入と発現 …………… 67
　解説3・1　ホルモンや増殖因子の作用機構 ……………… 69
　解説3・2　RNAワールド ………………………………… 70

4章　生物におけるエネルギーの生成と消費 ……………… 松下一信 …73
4・1　生物におけるエネルギーの流れと代謝の役割 ………… 73
4・2　生物におけるエネルギー生成のいくつかのかたち …… 75
　4・2・1　エネルギー代謝の起源: 従属栄養か独立栄養か … 75
　4・2・2　発酵と呼吸の違い ………………………………… 76
　4・2・3　酸素を必要としない生物（発酵と嫌気呼吸） …… 77
　4・2・4　無機化合物を利用する生物 ……………………… 79
　4・2・5　光エネルギーを利用する生物（光合成と酸素の発生） … 82
　4・2・6　酸素がもたらしたエネルギー革命（好気呼吸） … 84
4・3　生物エネルギーはどのようにしてつくられるか ……… 86
　4・3・1　生物のエネルギーは"水素エンジン" …………… 86
　4・3・2　細胞膜での電子伝達反応がエネルギーを生みだす … 90
　4・3・3　ATPはどのように合成されるか ………………… 94
4・4　生物エネルギーと細胞活動 …………………………… 96
　解説4・1　酸化還元エネルギーと還元電位 ……………… 100

5章　物質代謝，細胞増殖と生物エネルギー ……………… 松下一信 …103
5・1　代謝反応をつかさどる酵素 …………………………… 103
　5・1・1　生体反応を行う酵素とは ………………………… 103
　5・1・2　連続した生体反応としての代謝経路の形成 …… 106
　5・1・3　代謝経路の調節 …………………………………… 108

5・2　異化代謝とエネルギー生成……………………………………………110
　　5・2・1　栄養源の分解反応と中央代謝経路………………………………110
　　5・2・2　異化代謝における ATP と NAD(P) の役割……………………116
　　5・2・3　発酵による ATP の合成：基質レベルのリン酸化を行う
　　　　　　　　　　　　　　　　　　　　　　　　　三つの酵素反応………118
　　5・2・4　クエン酸サイクルと呼吸によるエネルギー生成………………120
5・3　生合成反応とエネルギー消費……………………………………………123
　　5・3・1　栄養源の取込み……………………………………………………123
　　5・3・2　中央代謝経路と細胞成分前駆体の生合成反応…………………125
　　5・3・3　二酸化炭素から糖へ（炭酸固定反応）…………………………129
　　5・3・4　窒素固定反応………………………………………………………131
5・4　細胞増殖とエネルギー代謝………………………………………………132
　　解説 5・1　中央代謝経路：解糖系とクエン酸サイクル…………………135
　　解説 5・2　NADPH 生産とペントースリン酸経路………………………138

6章　社会で役立つバイオ技術……………………………小　林　　猛…141

6・1　グルタミン酸の微生物による生産………………………………………141
　　6・1・1　グルタミン酸生産菌の分離………………………………………141
　　6・1・2　グルタミン酸生産の工業化………………………………………143
　　6・1・3　発酵原料と生産する場所…………………………………………145
6・2　遺伝子組換え技術を利用したヒト型インスリンの生産………………149
　　6・2・1　インスリンの酵素法による生産…………………………………149
　　6・2・2　遺伝子組換えによる方法…………………………………………151
　　6・2・3　アルブミンの生産…………………………………………………154
　　6・2・4　ミニプロインスリン法……………………………………………156
6・3　PCR 法による遺伝子断片の増幅とその応用……………………………160
　　6・3・1　PCR 法の原理………………………………………………………160
　　6・3・2　PCR 法の基本反応条件……………………………………………162
　　　　　a. DNA ポリメラーゼ…………………………………………………162
　　　　　b. プライマー……………………………………………………………164
　　　　　c. dNTP（デオキシヌクレオシド三リン酸）………………………164
　　　　　d. アニーリング…………………………………………………………164
　　　　　e. 反応サイクル…………………………………………………………165
　　　　　f. PCR 自動化装置………………………………………………………165

6・4 アクリルアミドの生産 166
　6・4・1 ニトリルヒドラターゼの発見 166
　6・4・2 アクリルアミドの工業的生産 168
　6・4・3 ニトリルヒドラターゼの性質 171
6・5 DNAマイクロアレイ技術の応用 172
　6・5・1 DNAマイクロアレイの基本 172
　6・5・2 DNAマイクロアレイの作製方法 173
　　　　a. 合成型DNAチップ 173
　　　　b. 貼り付け型DNAマイクロアレイ 175
　6・5・3 DNAマイクロアレイを用いた実験法 176
　　　　a. ハイブリダイゼーション 176
　　　　b. 二蛍光標識法 177
　　　　c. 遺伝子多型解析実験 178
　6・5・4 DNAマイクロアレイの読み取り方法，解析方法 179
　6・5・5 DNAマイクロアレイの応用例 179
　　　　a. 遺伝子発現プロファイル解析 179
　　　　b. SNPs 180

参 考 図 書 181
索　　　引 183

コ ラ ム

"応用生命科学"の粋：日本酒づくり 5
生物・細胞・ウイルス・分子の大きさ 16
注目を集める嫌気呼吸と環境浄化 80
ミッチェルとプロトン駆動力 88
肥満とプロトン駆動力 98
パスツールとアルコール発酵 113
エントナー・ドゥドルフ経路ともう一つのアルコール発酵 114
結核菌とグリオキシル酸サイクル 126

1

生 命 と 生 物

1・1　生命現象と生命体

　必ずしも生物を扱ってはいないが，生物に興味を抱いている大学3年生に，これこそ生命現象だ，生命に特有の性質だ，と思うことを三つずつあげてもらったところ，多い順に以下のような回答が寄せられた．

① 子孫をつくること
② 自分の生活や活動に必要なものをつくり上げること
③ 成長（変化）すること
④ 死ぬこと
⑤ 自分の性質を子孫に伝えること
⑥ 物を取込んだり排出したりすること
⑦ 環境に適合すること

　同じことをもう少し生物について詳しく勉強したり，実際にその方面の研究をしている大学院生に質問してみたところ，使う言葉はより専門用語に近いが，ほぼ同じような回答が寄せられた．おそらく，大多数の人々が，生きているものとそうでないものとの違いはこのような点にあると感じていることと思われる．

　生命科学の研究者たちは，生命現象を示す単位すなわち生物個体に固有な特質をどのように表現しているだろう．

① 物質代謝を行う
② 組織化する
③ 成長する
④ 刺激に対して反応する
⑤ 繁殖する
⑥ 遺伝する

　何だ同じようなものではないか，と思われたことだろうが，それほど生命というのは身近なものだということである．特定の生物が特定の生物であり続けるために

は，少なくとも二つの条件をクリアしなければならない．一つはその個体が生きていること，これを**個体の維持**という．二つ目が，自分と同じ次世代をつくること，すなわち**種の維持**である．そのために必要とされる現象が**生命現象**である．

"物質代謝"とは，自分の体制を維持するために必要な成分を外界から取入れ，取入れた成分を分解してエネルギーを得たり，必要な成分を合成したりすることである．ただ，いろいろな反応が無秩序に進行してもそれは反応の混合体にしかならないから，全体としての調和をとるために生命体は"組織化"している必要がある．調和のとれた反応の結果として個体は容量を増やしたり形を変えたりすること，すなわち"成長"することができる．そして，生命体は外界とは隔絶した存在であるけれどつねに外界と接触してもいるのだから，その中で生命を維持するためには，外界と自分との共存を可能にする能力が必要である．すなわち，外界の環境や外界からの"刺激に対して反応する"ことにより，適応しなくてはならないわけである．このような能力を身につけることにより個体の生命は維持されるが，それだけではやがて死んでしまう．なぜ死ぬのかについては難しい面もある．これについては後でやや詳しく述べる（§2・4，➡ 解説2・3参照）．個体の維持に加えて，生物は種の維持機能すなわち"繁殖する"機能を備えている．そして，ただ次世代をつくるだけではいけないので，自分と（ほぼ）同じ情報を保持させるために生命体には"遺伝"の仕組みが組込まれている．これらの能力を発揮することによって生命体は初めて永続性を手にすることができるのである．

1・2 生命の自然発生説とその否定

それでは，生命はどんなものからできているのだろうか．生命体すなわち生物を構成している成分には特別のもの，無生物にはないものが含まれているのだろうか．かつて生物というのは神様の意志により，無から生まれるものと信じられていた．ハエは腐った肉からウジムシとして生まれ，ネズミはぼろきれの中から"自然に"生まれてくるのだと思われていた．

生命体が発生するには"生気"が必要であり，生気によって新たな生命が誕生する，すなわち**自然発生説**である．このことは，17世紀にイギリスの司祭**ニーダム**（J. T. Needham）が，煮沸した肉汁にふたをしてもやがて小さな生き物が出現することを示し，実験的に主張したが，イタリアの博物学者**スパランツァーニ**（L. Spallanzani）は，沸騰時間を延ばすと生物が出現しなくなることを示すことにより否定した．しかし，それでも，煮沸時間が長すぎると"生気"が活性を失うのだという反論があっ

たのである．

　自然発生説に終止符が打たれたのは19世紀の中頃であるから，それから100年も後のことである．フランスの化学者，微生物学者であった**パスツール**（L. Pasteur）はフラスコの中に栄養成分を含む溶液を入れ，その口の部分を白鳥の首のような形に引き伸ばした（図1・1）．このフラスコを数分間煮沸した後に静かに温度を下げ

図 1・1　実験中のパスツール（a）と白鳥の首型フラスコ（改良型，b）． 図bのフラスコの中に肉汁を入れ煮沸する．まず右のゴム管のついたガラス管から蒸気が噴出するが，それを閉じると左の細管から蒸気が出る．その後静かにフラスコを室温まで冷却し放置しても肉汁は濁らない．ゴム管部分を開放するとやがて濁ってくる．パスツールが微生物の自然発生を否定した初期の実験で用いたフラスコにはこの図のゴムのついた管はついていなかった．この部分をつけることにより，のちにワインやビール中の特定の微生物を植え付けることができるようになった．

て部屋に放置しておくと長い間変化が見られず,何も生えてこないことを観察した.その首の部分を切断してしばらく置いておくとやがて濁り,微生物が生えてきた.このことは,長い間煮沸しても"生気"が失われることはなく,空気とともに入ってきた微生物が生えるに十分な条件を保持していたことを示している（➡ コラム5・1参照, p.113）. 余談であるが,パスツールは,ワインの腐敗を防ぐ方策を問われて,約60℃の低温で30分間ほど処理することにより,ワインの風味を損なわずに雑菌による腐敗を防ぐ,**低温殺菌法**を工夫したことでも有名で,この方法はpasteurizationという言葉として残っているほどである. ところが,わが国では室町時代（16世紀）にすでに"火入れ"という技術が,日本酒（➡ コラム1・1参照）の安定な保存法として実際に行われていた記録がある. その殺菌条件はまさにパスツールが開発した条件と一致しているのである.

1・3 生命体を構成する成分

このようにして,生命体は自然に発生するのではなく,必ず元になる生命体が必要であることが実験的に証明されたのであるが,それではその生命体を構成している成分はどのようなものだろう.

生物のもつ本質的な機能の発現にかかわる原理が明らかにされる過程で,よく利用された実験材料は**細菌**であり,なかでも大腸菌と大腸菌に感染するウイルスである**ファージ**（図1・2, p.8）は最もポピュラーなものであった.

大腸菌は長さが$2 \sim 4 \mu m$（μmは1 mmの1/1000）, 太さが$0.4 \sim 0.7 \mu m$の大きさの棒のような形（**桿状**という）の菌で,ヒトを含めて動物の腸内に常在するきわめてありふれた細菌である. O-157のような特殊な株を除いては病原性もなく,簡単な栄養培地や化学組成の明らかな培地によく生育し,好条件下では20分に1度分裂して倍に増えるから大変取扱いが容易である. しかも,後で述べるように（§3・13, p.63参照）,遺伝的な解析の材料としてもきわめて好ましい性質をもっていることから,特に,1950年代から爆発的に発展し,生命現象を分子レベルで解析し,理解しようとする分子生物学のスーパースターとなった. また,その取扱いやすさおよび分子生物学的な解析で得られた豊富な知見を背景として,人工的な突然変異を加えたり,遺伝子組換え技術を用いて新たな性質をもたせたりした結果,医薬品や,工業原料などの生産にも用いられる有用微生物の一つとしてもかけがえのない存在となっているのである.

大腸菌の重量にして約70％は**水**であるが,残りの乾燥重量中の成分組成を見る

コラム1・1 "応用生命科学"の粋: 日本酒づくり

　日本酒が米を原料としてつくられることは誰でも知っていると思うが，その製法についてはどのくらい理解されているだろうか．
　清酒醸造は1) コウジ（麴）づくり，2) 酒母（あるいは酛）づくり，3) 本仕込み，の三つの工程から成る（図1）．

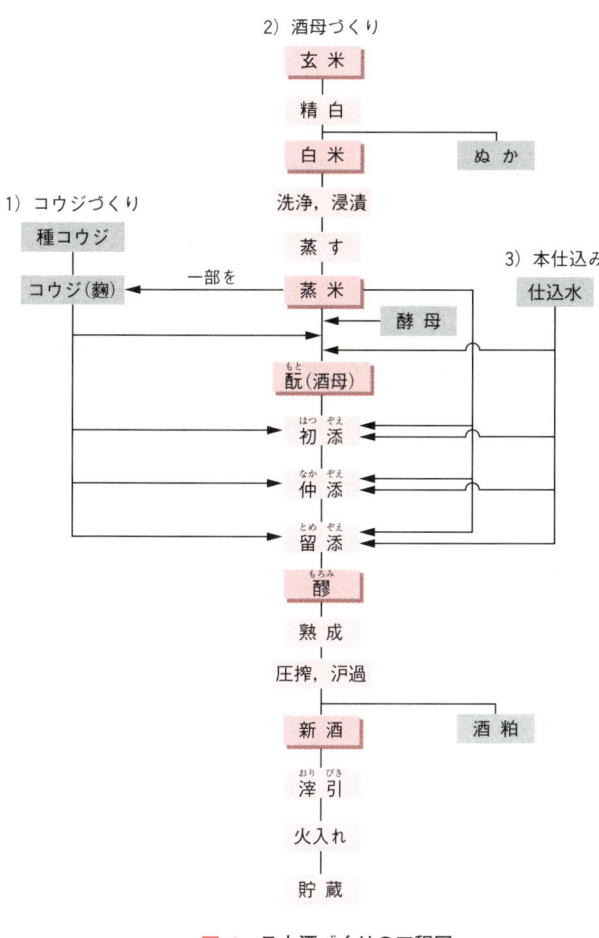

図1　日本酒づくりの工程図

（次ページへつづく）

（コラム 1・1 つづき）

　まず，原料となる米は，食用にされる通常の米と比べて大粒の品種で酒米とよばれる．玄米の表面部分には多くのタンパク質やミネラルなどの栄養成分が多く含まれており，この部分は雑味とよばれる好ましくない成分生成のもととなるので精米の過程で削り取られる．最近評判の吟醸酒などでは 30～40 % も削ってほとんどデンプンのみから成る中心部分を使うというぜいたくなものである．

　この精白した米を洗った後に吸水させ，蒸し器で蒸す．蒸しあがった米を麴室に移して**コウジ菌**（図 2）を植え付け，米の表面だけでなく内部にまで菌糸が入る

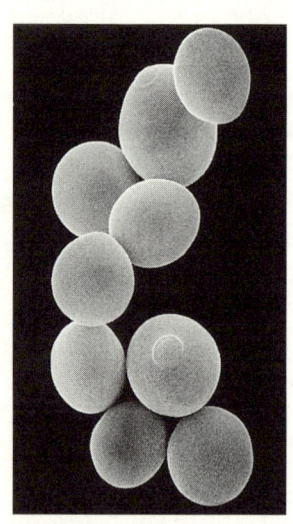

図 2　コウジ菌（北本勝ひこ博士提供）　　図 3　酵　母（清水健一博士提供）

ように手を加える．コウジと水と蒸米とを混合して温度を上げると微生物が生えてくる．最初は硝酸還元菌が生え，ついで乳酸菌が生えてきて乳酸を生成すると有害な雑菌は酸に弱いので死んでしまう．やがて乳酸菌も死ぬ．そこで**酒母**（酵母，図 3）を添加すると酵母は乳酸に比較的耐性なのでしだいに増殖し，アルコール発酵が進行する．

　これが古くから行われた方法で，**生酛**とよばれるものであるが，最近ではこのような自然の発酵過程を経ずに乳酸を添加して酵母を植えるのが普通で，これを**速醸酛**という．こうしてつくられた酛に，コウジと水と蒸米を添加し発酵を続ける．こ

の操作を初添、仲添、留添と3度に分けて行うので**三段仕込み**という。こうして発酵が進んで最終段階になるとアルコールの濃度は22〜23％にまで到達する。全工程は約50日である。

新酒ができると、杉の葉を球状にした杉玉（杉林、酒林ともいう）が蔵の前に下げられる（図4）。これは、新酒ができたという合図である。

図4　杉　玉

第1工程におけるコウジ菌の純粋培養、第2工程における細菌の生育と細菌間の相互作用を利用した雑菌の排除、第3工程におけるコウジ菌酵素による米デンプンのグルコースへの分解と酵母によるアルコールへの変換の同時進行（これを**並行複発酵**という）を利用した酵母への負担緩和と高いアルコール濃度の達成、これらの工夫とともに酒米・精米による素材の精選、醸造に適した水の選択が加えられ、さらにはでき上がった酒に"火入れ"をすることにより細菌の生育を防ぐ（§1・2参照）など、日本酒づくりというのはまさに"応用生命科学"の極致ともいえよう。このような技術の基礎が室町時代にすでに完成していたとは驚くべきことではないだろうか。

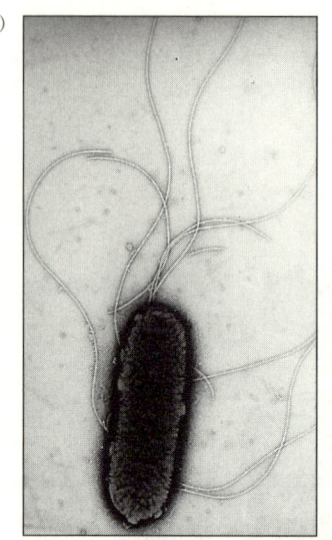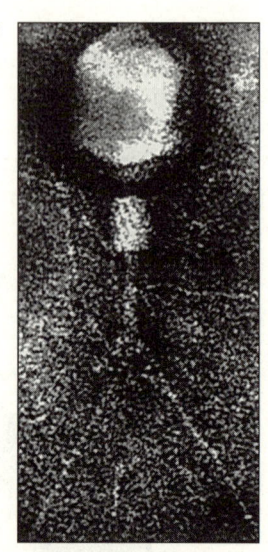

図 1・2 大腸菌(山田寿美博士提供)(a) と大腸菌に感染するファージの一種〔*J. Mol. Biol.*, 1, 281 (1959)〕(b)

表 1・1 大腸菌細胞の平均的組成[a]

成　分	%全乾燥重量	分子量	細胞内分子数	分子種
タンパク質	55.0	4.0×10^4	2,350,000	1850
RNA	20.5			
23S rRNA		1.0×10^6	18,700	1
16S rRNA		5.0×10^5	18,700	1
5S rRNA		3.9×10^4	18,700	1
tRNA		2.5×10^4	198,000	60
mRNA		1.0×10^6	1,380	600
DNA	3.1	2.5×10^9	2.1	1
脂　質	9.1	705	22,000,000	
リポ多糖	3.4	4070	1,430,000	1
ペプチドグリカン	2.5	$(904)_n$	1	1
グリコーゲン	2.5	1.0×10^6	4,300	1
代謝産物, 補助因子など	3.5			800+

a) F. C. Neidhardt, H. D. Umbarger, 'Chemical composition of *Escherichia coli*', "*Escherichia coli* and *Salmonella*", p.13〜16, ASM press, Washington DC (1996).

1・3　生命体を構成する成分

と，表1・1のようになる．細胞内の最も大きな部分を占めるのは**タンパク質**であることがわかる．タンパク質の平均分子量は 40,000 であり，それぞれアミノ酸が 300〜400 個直列につながった構造をもっている．もう一つ注意してほしいのは，このタンパク質は大腸菌1個当たり 2,350,000 個存在し，しかもその種類が 1850 もあるとされていることである．タンパク質のおもな役割は§1・1で述べられた生命体の維持に必要な代謝をつかさどることであり，その機能は生体触媒（**酵素**という）として普通ではなかなか進行しない反応をスムーズに進めることにある．この機能の実際については第4章および第5章でより詳しく学んでほしい．

つぎに量的に多い成分は **RNA** である．この構造については第3章で述べるが，なかでも大部分を占める **rRNA** は，代謝を行うためのタンパク質を合成するための工場ともいうべき**リボソーム**という巨大粒子を構成する主要成分の一つである．量的には少ないが **mRNA** という分子は，量の割に種類が多いことにも留意してほしい．これは，その生命体が状況に応じて必要としているタンパク質の合成を指令する注文票のようなものなのである．

3番目に多量に存在する成分は**脂質**である．脂質は大腸菌を外界から遮断している袋，すなわち細胞膜を構成する主要成分であり，この膜により細胞の内外を区別するとともに外界の環境の変化を感知し，生育に必要な成分を外界から取入れたり，あるいは不要な成分を排出したりするための機構を機能させるための場を与える役割をもっている．

リポ多糖および**ペプチドグリカン**（§2・1，➡ 解説2・1参照）は，物理的に脆弱な脂質を主とする細胞膜の外側を取巻いて，個体全体に強度を与えたり，環境との親和性をもたせる役割などを担っている．この部分は，大腸菌ばかりでなく細菌類に特徴的な成分である．

重量的には 3.1 % を占める **DNA** は，大腸菌が大腸菌として個体を形成するための情報を独占している成分で，分子量は 2.5×10^9 と圧倒的な大きさをもつが，分子としては1種のみである．これは当然のことで，これが何種類もあっては個体を形成する情報が交錯してしまい，種あるいは株の独自性がなくなってしまうことになる．すなわち，生物の種が異なるということは，その種に特異的な構成をもつ DNA すなわち**情報**があるということなのである．

ここでは典型的な生命体として大腸菌について述べたが，高等な動物，植物を含めて多かれ少なかれ，生命体の構成成分はこれと似たものである．

1・4 生命の起原

§1・2で生命は自然発生しないことが実験的に証明されたことを述べた．それでは最初の生命はいったいどのようにして誕生したのだろうか．現在の大方の理解するところに従えば，地球が誕生したのは46億年前，生命の誕生はおそらく40億年から38億年くらい前といわれている．最初の生命体は宇宙から飛んできたという説もあるが，現存する生物を構成する微量元素（カルシウム，マグネシウム，カリウム，ナトリウムなど）の種類が地殻，特に海水を構成する成分とよく似ていることや，いろいろな証拠から現在生存している生物の中で最も原始の姿を保っていると考えられる**古細菌**とよばれる微生物が，温泉の泉源のような触ることもできないほどの高温の場所や，ヒトの体が浮いてしまう20％を超す高塩濃度のような原

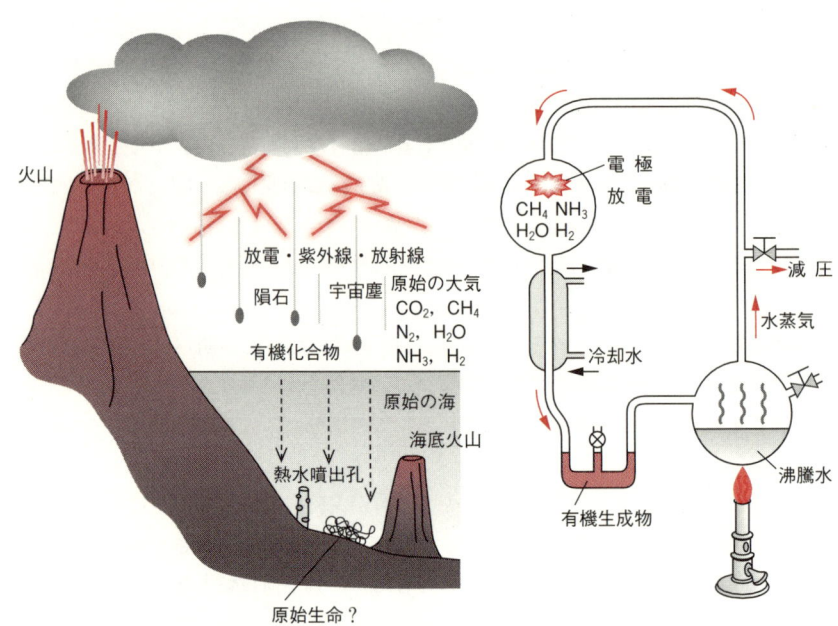

図 1・3 原始地球の環境 (a) と，ミラー・ユリーの実験 (b)． 原始地球の大気は窒素と炭酸ガス（二酸化炭素）が主で，そのほかにアンモニア，メタン，水素，水蒸気などが混在していたと考えられる．それに火山による高温，紫外線，宇宙線，雷による放電などがあり，この状況を模したミラー・ユリーの実験でアミノ酸をはじめとする有機化合物が生成することが示された．また宇宙からはアミノ酸や核酸を含む隕石，宇宙塵が降り注いだ．これらが原始の海の中で反応して生命の起原となる物質ができたと想像される．

始地球の環境に近いと思われるところにすんでいることなどから，生命はおそらくこの地球上で誕生したのではないかと考えられている．

40億年前の地球環境はどのようなものだったのか．海水温度は 100 °C を超え，大気は大部分が炭酸ガス（二酸化炭素）により占められていた．火山の活動も盛んで，上空からは紫外線や高エネルギーの宇宙線が現在よりも大量に降り注いでいた．雷による放電も頻繁であっただろう．

ミラー（S. L. Miller）とユリー（H. C. Urey）は 1950 年代の初めに，原始大気を模したメタン，アンモニア，水素，水蒸気を含む混合ガスをフラスコに入れ，雷のモデルとして火花放電を行った．その結果，グリシンやアラニンのような**アミノ酸**（図 3・11 参照）がつくられることが明らかになった．さらにホルムアルデヒドやシアンなどを加えると**糖**や**核酸塩基**（図 3・4 参照）なども合成され，条件を整えるとそれらが連結した**ペプチド**や**核酸**のようなものまで形成されることも示された．アミノ酸や核酸などは地球と衝突する**隕石**にも，また数多く降り注ぐ**宇宙塵**の中にも有意に存在することが認められている．このような素材が高温の海底や海底火山などの近くで反応を起こし生命の基となる複雑な分子の形成をもたらした（図 1・3），と考えられる．この段階は**化学進化**といえるものである．

これらの化合物がどのようにして自己増殖能を獲得するに至ったかは明らかではないが，いろいろな反応を触媒する活性がタンパク質に特徴的な性質であることから，偶然に形成されたアミノ酸の重合体，すなわちペプチドが関与して自己複製の可能な分子をつくったのではないかと考えられていた．しかし，1981 年に，**チェック**（T. R. Cech）がテトラヒメナのリボソーム RNA（rRNA）（§3・6 参照）の成熟過程を解析しているうちに，RNA 分子が自身の切断再結合を行う，という酵素活性をもつことを発見してから，生命の起原は RNA にあるのではないかとの考え方が進展している．このことを **RNA ワールド**（➡ 解説 3・2 参照）と称することもある．おそらく，RNA とペプチドが協調して自己複製能を効率よく進めるとともに，リン脂質などに由来する膜構造が代謝機能をももつ閉鎖空間の形成を可能にし，最初の生命体がつくられたのであろう．

1・5 生命の進化

生命の起原を実験的に再現することはできていないが，前節で述べたような経過で最初の生命は誕生したと思われる．それでは，現在地球上に認められる 1500 万種とも 3000 万種ともいわれる生物は，すべてその最初に生まれた生命をルーツとし

ているのだろうか．その研究は，現存する生物のすべてが自己を形成するための情報源として利用している DNA が，異なる生物間でどの程度似ているかを調べることによって解析されてきた．生物がその基本的性質の一つである代謝を行うためには，たくさんのタンパク質が必要であるから，そのタンパク質をつくるための装置，すなわちリボソームはすべての生物にとって必須のものであり，生物が生まれてこの方ずっと機能してきたと思われる．そこでそのリボソームを構成する主要な要素の一つである rRNA の異同を基にして，数多くの生物間の近縁性を検討した結果から，**ウース**（C. R. Woese）らは生物を三つの大分類すなわち，**細菌**（Bacteria，以前は古細菌と分ける意味で eubacteria **真正細菌**とよばれていた．この方がはっきりするので本書では以下"真正細菌"を用いる），**真核生物**（Eucarya），**アーキア**（Archaea，一般に**古細菌**といわれるが始原菌ともいわれる．本書では以下"古細菌"とよぶ）に分けられることを示し，現在ではこの分類がほぼ認められつつある．

さて，その三つの生物界の相互の関連性はどうか．古細菌に分類される生物はすべて外見は大腸菌などと同じような細菌なのだが，現在自然界で生息が認められるところは上に述べたような 90 °C を超えるような熱水中とか，高塩濃度の塩湖とか，酸性の強い熱水中にすむ菌，水素ガスと炭酸ガスからメタンをつくる菌（**メタン生成菌**）のように，私たちの感覚からすると異常な環境下ばかりなのである．しかし，考えてみると，こういった環境は生命が誕生したと考えられる 40 億年前の地球では当たり前の状況だったわけで，このグループは生命誕生の折の性質を色濃く残している生物であると思われる．

40 億年前の地球の大気は大部分を炭酸ガスが占めており，酸素は存在しなかった．このような条件を**嫌気的**という．その環境下で誕生した生命体は，無機物質あるいは上述のように，非生物学的につくられた有機化合物を，酸素の関与なしに酸化あるいは還元することにより生存に必要なエネルギーを得ていたと考えられる（第 4 章参照）．また，ある菌では太陽の光エネルギーを用いて炭酸ガスを固定することにより自身で有機化合物を合成する能力を得た．その中のあるものはやがて，光エネルギーを用いて水を分解し，酸素を放出することにより効率のよい炭酸固定を行うようになった．35 億年ほど前のこととされている．これが現在の**シアノバクテリア**（ラン藻）のグループであり，rRNA の構造から"古細菌"とは異なる"真正細菌"の仲間に分類されている．シアノバクテリアの繁栄の結果，地球大気中の酸素濃度が急速に上昇したと考えられる．

このころ存在していた生物のうち，酸素の示す毒性に対抗できずに死に絶えたも

1・5 生命の進化

のも数多く，残りは酸素のない海底あるいは土の中などの酸素のないところに逃げ込んだと考えられる．しかし，生物の能力，柔軟性には底知れないものがあって，逆にこの酸素を利用して有機物を効率よく分解することにより，たくさんのエネルギーを得ることに成功した細菌が出現した．すなわち**好気性細菌**の誕生である．約20億年前のこととされる．

ところで，古細菌のグループのなかには**アメーバ**のように動き回ることができた

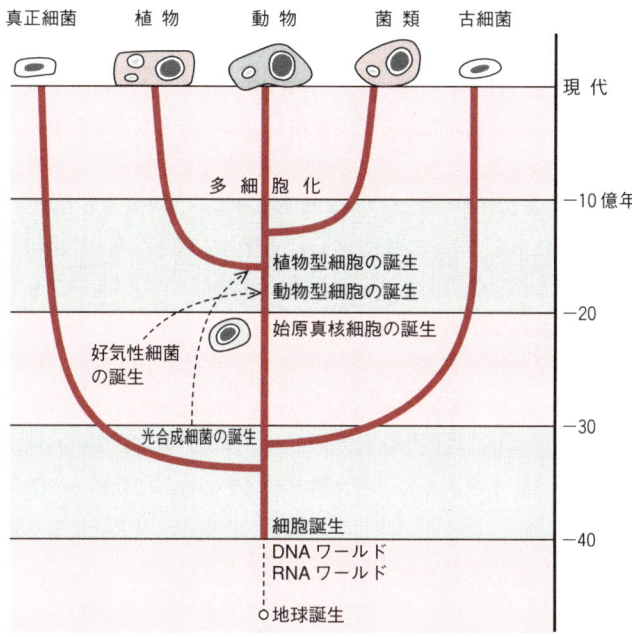

図 1・4　**始原生命体と進化**．約40億年前に始原生命体は無酸素の環境でエネルギーを調達する原核細胞として誕生した．始原生命体はまず真正細菌と古細菌とに分かれ，真正細菌からは35億年前に光エネルギーを用いて水を分解し，酸素を放出するシアノバクテリア（光合成細菌）が出現した．また20億年前には酸素を利用して効率よく有機化合物を分解する細菌（好気性細菌）が生まれた．古細菌のあるものは膜組織が発達して染色体を包み込んだ核を形成し真核生物となった．真核生物はやがて好気性細菌を自身の細胞中に取込んで効率のよいエネルギー生産系を確保した．動物型真核生物の誕生である．ついでシアノバクテリアをも取込んで光合成を可能とした植物型真核生物が誕生したと考えられる．その後これらの細胞がしだいに集合して一つの個体を形成し，各細胞が分業することにより効率的に機能が発揮できるようになった多細胞生物が誕生したのであろう．

り，**べん毛**という鞭のような装置を備えて，それをスクリューのように回転させることにより運動することが可能なものが生まれたらしい．この性質を手にした個体は，移動することにより餌にありつく効率が上がったであろうし，また他の生物を取込んで栄養源としたこともあったと思われる．そして，体制が大型化するとともに細胞の中に膜構造が発達し遺伝情報を担う染色体部分を取囲む"**核**"の構造ができたのであろう．こうして古細菌のなかから最初の真核生物（始原真核生物）が生まれたと考えられる．

始原真核生物はやがて，自身の中に酸素を効率よく利用する**紅色細菌**のような好気性の細菌を取込み，**共生**するようになった．やがて，共生した細菌の遺伝子の大部分は核のほうに移行し，限られた遺伝情報のみを残しながら酸素を利用するエネルギー生産，すなわち好気呼吸系の反応を担うシステムとしてとどまっている姿が**ミトコンドリア**であろう．こうして動物細胞の生まれる素地がつくられた．

さらに，同じようなことがシアノバクテリアのグループを対象としても発生した．すなわち，好気性細菌をミトコンドリアとして身内に取込んだ真核生物細胞は，光エネルギーを利用した炭酸固定能をもつシアノバクテリアのグループをも取込んだのである．**植物細胞**の原型誕生である．

以上のことをまとめると，原始生命はおそらく共通の祖先から出発し，やがて"古細菌"のグループと"真正細菌"のグループとに分かれた．その後，古細菌から"真核生物"が生まれ，真核生物のあるものは好気呼吸能に優れた細菌（おそらく紅色細菌とされる）を取込んでミトコンドリアを形成して動物への進化の道をたどり，他のものはさらにシアノバクテリア（ラン色細菌，ラン藻）を取込んで葉緑体をはじめとする色素体を形成して植物への進化を可能とした，ということになる（図1・4）．

これらの結論は絶対的なものとはいえないが，最近の分子生物学的な解析により広く支持されており，かなりの確率で正しいものと思われる．

1・6　生命体の最小単位としての細胞

話は前後するが，すでに示したように，大腸菌は一つの細胞で1個体を形成している．

細胞（cell）という言葉は，17世紀の中ごろ**フック**（R. Hooke）が自作の顕微鏡でコルク片を観察したところ，小部屋のような構造が認められたので，これを修道僧が過ごす小部屋を意味する"cell"と命名したのが始まりである．ただしこの細胞

1・6 生命体の最小単位としての細胞

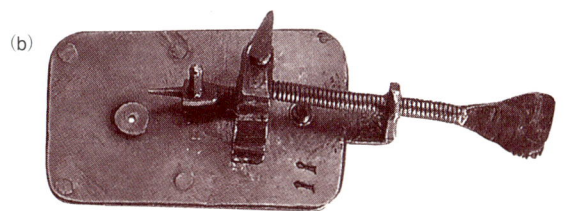

図 1・5 レーウェンフック (a) と自作の顕微鏡 (b) (Boerhaave 博物館カタログより). オランダの呉服を取扱う商人であったレーウェンフックは,布の繊維を精査するのに用いる虫眼鏡にヒントを得てみずからレンズを磨き顕微鏡を自作したといわれる. (b) の顕微鏡は,丸い部分にレンズがはめ込んであり,試料はレンズの手前にある針の上に載せる. 二つのネジで試料を前後,上下に移動し焦点をあわせる. 裏側からのぞくことにより観察する.

コラム1・2　生物・細胞・ウイルス・分子の大きさ

　すべての生物は細胞から，そして細胞は分子から構成されている．これらを大きさの順に並べてみると図のようになる．ヒトの坐骨神経を形成するニューロン細胞は長さが1m以上にも達するが，通常動物細胞は10 μmほど，植物細胞はそれより数倍大きい．細菌類は数 μm，ウイルスは100 nm程度，それ以下は分子となる．ちなみに，ギネスブックに記載されている世界で最も背の高い植物はカリフォルニアに自生する樹齢約1000年のセコイアメスギ112.01 m（1998年測定）で，いまだに成長を続けているという．

	100 m	セコイアメスギ	112.01 m
		シロナガスクジラ	〜35 m
	10 m	キリン	〜5.5 m
		アフリカゾウ	〜4.4 m
ヒト染色体 DNA　1 m	1 m	ヒト坐骨神経ニューロン細胞	〜1 m
	100 mm	ダチョウの卵（卵黄）	70 mm
	10 mm		
酵母 DNA　4.7 mm		カエルの卵	2〜3 mm
大腸菌 DNA　1.6 mm	1 mm		
肉眼限界（200 μm）		ゾウリムシ	200〜300 μm
	100 μm	ヒトの卵	140 μm
		ヒトの精子	2.5 × 60 μm
	10 μm	ヒトの赤血球	7〜8 μm
		大腸菌	0.7 × 3 μm
	1 μm	ブドウ球菌	1 μm
光学顕微鏡限界（200 nm）		T2ファージ	200 nm
	100 nm	HIV（エイズウイルス）	100 nm
リボソーム　20 nm			
	10 nm		
ヘモグロビン分子　6 nm			
DNA分子の直径　2 nm			
	1 nm		
電子顕微鏡限界（0.2 nm）			
水素原子　0.1 nm			

は，ワインのコルク栓を見てもわかるように中は空間，つまり死んだ細胞の抜け殻を見ていたのである．その後，1838年に植物について**シュライデン**（M. J. Schleiden）が，1839年に動物について**シュワン**（T. Schwann）が，すべての生物は細胞から成り，細胞が生物の構造および機能の単位であることを主張し，さらに，1858年に**ウィルヒョウ**（R. Virchow）が"すべての細胞は細胞から生じる"ことを提唱するに至った．こうして**細胞説**が確立したのである．

生物には，大腸菌や酵母のように1個の細胞で個体のもつすべての機能を発現するものがあり，これを**単細胞生物**という．単細胞生物は小さすぎて個体を肉眼で見ることはできない（➡ コラム1・2参照）ので，長い間このような生物がいることをヒトは認識できなかった．初めて肉眼では見えない小さな生物がいることが明らかにされたのは，17世紀後半のことである．**レーウェンフック**（A. van Leeuwenhoek）は，自分で磨いたレンズを用いた単式（1枚の凸レンズから成る）顕微鏡（200～300倍の倍率が得られた．図1・5）で，池の水，膿，歯垢，血液，精液（精子），昆虫の複眼など，身の回りにある数多くのものを観察し，精巧な写生図を残している．そして，細菌，原生動物などの微生物の存在を明らかにしたのである．これらの生物は単細胞で生活するものが多い．

単細胞で生活しているものが集まって，比較的大きな集合体を形成する場合もある．分裂や出芽によって生まれた新個体が，離れずに集合体として生活しているものを**群体**という．サンゴやカイメンがその例である．これがさらに進むと，単細胞が集合して互いに機能分担をするようになる例がある．緑藻類のボルボックスでは，群体の中に卵子や精子を形成する細胞が出現する．この機能分担が高度に進化したものが，私たちの身の回りで目に入る多くの生物であり，進化が進むほど体制をつくり上げる細胞が分業化し，組織，器官などを形成するとともに各細胞は特定の機能のみを発揮するようになる．このような生物を**多細胞生物**というが，多細胞生物も元は1個の**受精卵**に由来するのであり，このように各細胞が特定の機能をもつようになる過程を**分化**という．

2

細胞の構造と機能

　前章で生命体すなわち生物の最小構成単位は**細胞**であることを述べた．そして，細胞を構成している成分についても説明したが，これら成分を細胞中に含まれる割合と同じ割合で混合しても，もちろん細胞を再構築することはできない．ただ，特定のタンパク質の示す特定の反応を再現したり，細胞中に認められる構造体とよく似たものを試験管の中で再構築したりすることは部分的に可能である．この各部分，部分の反応を集積することによって，かなり複雑な反応系とでもよべるものをつくり上げることも不可能ではなくなってきた．第3章で述べるように，個々の生物をつくり上げるための情報すなわち**遺伝情報**がDNAにあることが明らかにされ，その遺伝情報を構成する塩基の並び方がいくつもの微生物，動物，植物などで解明されてきたことから，多くの研究者が，生命体を構築するための最少情報を求めて研究を進めている．いわば，生命の誕生を試験管内で再現しようとするものであるが，それを成功させるためにも細胞の構造と，各構造体が果たす役割，機能を理解しておかなくてはならない．

2・1　細菌の構造と機能

　§1・5でふれたように，生物はBacteria（細菌），Archaea（古細菌），Eucarya（真核生物）の三つのグループに分けられる．これらのうち前二者は遺伝情報の担体であるDNAが，細胞質の中に裸で浮いている状態になっている．このような細胞を**原核細胞**といい，このDNAが集積している部分を**核様体**とよぶ．
　図2・1は大腸菌を薄くそいだ試料（超薄切片）を電子顕微鏡で観察した像を示

2・1 細菌の構造と機能

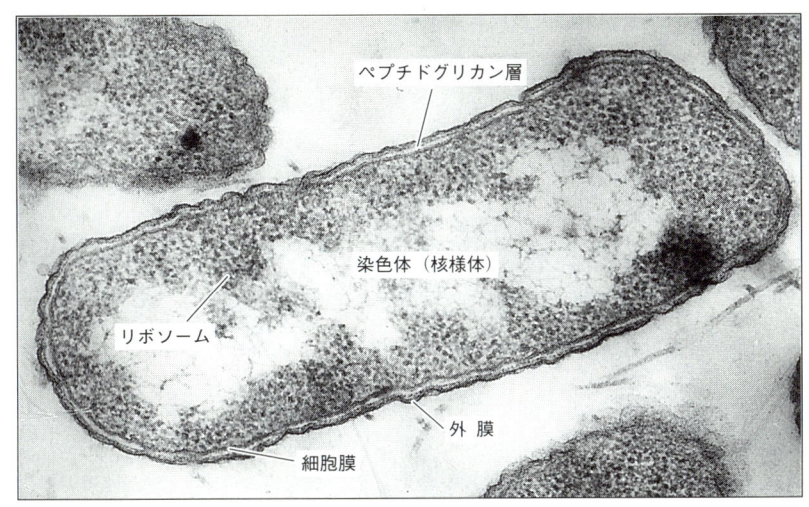

図 2・1 大腸菌の超薄切片電子顕微鏡像（山田寿美博士提供）

したものであるが，細胞内の白っぽく見える部分が核様体，その周囲は**細胞質**で，代謝系に関与する各種酵素が機能する領域である．また，この細胞質の中には細かい粒子状のものが多数観察されるが，これらは**リボソーム**であり，核様体の DNA を鋳型としてつくられた**メッセンジャー RNA**（**mRNA**，DNA も RNA もこの方法ではそのものの観察はできない）と結合して，その指令に従って特定のタンパク質を合成している．リボソームはこのように細胞全体に分布するほど多量に存在するので，§1・3で述べたように，リボソームの主要成分の一つである**リボソーム RNA**（**rRNA**）が乾燥重量中に占める割合も大きくなるのである．

　細胞質の周囲は，薄い膜により覆われている．この膜を**細胞膜**とよび図2・2で示すようなリン脂質中の脂肪酸部分が互いに向き合って，水と親和性をもつグリセロールの部分が外に向く**脂質二重層**という構造をとっている．この脂質二重層の中に浮いたり，もぐったり，両面に顔を出したりしているのが**タンパク質**分子で，これらはエネルギー代謝，細胞内外の連絡（外部環境の認識や細胞内外の物質の透過など），細胞表層成分の合成，分泌などの役割を果たしている．

　細胞膜の外側には，薄い**細胞壁**がある．この成分は主として糖と数種のアミノ酸から構成されており，**ペプチドグリカン**とよばれる．ペプチドグリカンは多くの真正細菌に特徴的に含まれる成分で，動物・植物細胞には存在しない．細胞の形態や

物理的な強度を与え細菌の成育に必須のものであるから，この合成を阻害するような物質は細菌感染症の治療に有効な薬剤となりうる．**ペニシリン**とその関連物質はそのような薬の典型で，現在でも最も頻繁に用いられている抗生物質である（→ 解説 2・1 参照）．

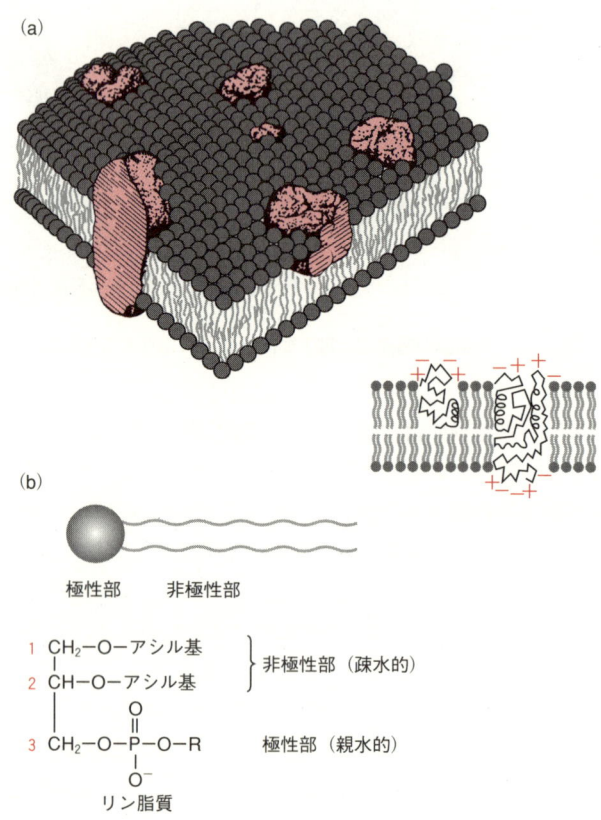

図 2・2　**細胞膜の構造**（a）**とリン脂質**（b）．(a) 細胞膜はリン脂質が脂質二重層をつくり，タンパク質がその構造を貫通したり氷山のように浮いたりしている．表面に出ている部分は親水性のアミノ酸，脂質二重層に埋まっている部分は疎水性のアミノ酸が多く含まれている．流動モザイクモデル〔*Science*, **175**, 720 (1972) より〕．(b) リン脂質はグリセロール 3-リン酸の誘導体で，1 位と 2 位の炭素原子につくヒドロキシ基は長鎖脂肪酸とエステル結合によりアシル基を形成する．この部分は疎水性なので互いに対合し，リン酸基をもつ親水性の部分が外側に位置して脂質二重層をつくる．R の部分が修飾されることにより異なるリン脂質となる．

大腸菌の場合は薄いペプチドグリカン層の外側に，さらにもう1層の膜（**外膜**とよばれる）が存在する．この膜があるために，大腸菌は腸内にすみついていても消化液に含まれる酵素や胆汁酸のような界面活性剤に対して抵抗性をもつことができる．

また，外膜には**リポ多糖**とよばれる脂質と糖から成る分子量2万〜200万の成分があり，動物体内では内毒素として作用し，免疫反応を誘導する活性を示す．

一見あまり大きな違いが見られないかもしれないが，図2・3は**枯草菌**の超薄切片像である．枯草菌は文字どおり枯れ草の上や土の中にすんでいる細菌で，納豆の

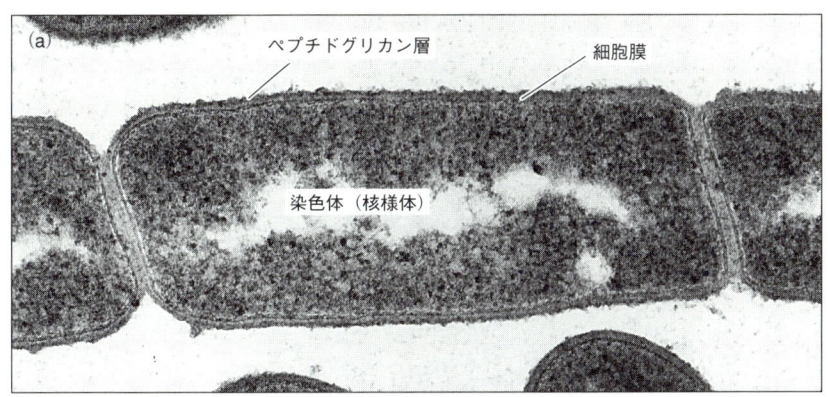

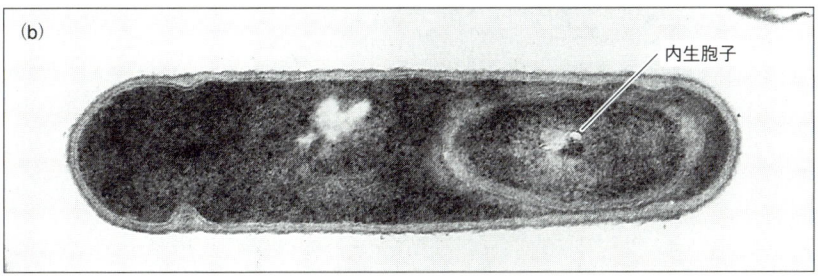

図2・3　**枯草菌の超薄切片電子顕微鏡像**．(a) 栄養細胞．(b) 増殖の停止に伴って栄養細胞中に形成された内生胞子（朝井 計博士提供）

製造に利用されている**納豆菌**とは，互いに遺伝子の交換が可能なくらい非常に近い関係にある．

増殖中のこの菌（栄養細胞という，図2・3a）の内部は大腸菌とほとんど変わら

ないが，細胞を取囲む細胞表層の構造が異なる．ともに細胞膜をもつこととペプチドグリカン層をもつことは同じなのだが，ペプチドグリカン層が大腸菌に比べて大変厚い多重構造になっておりテイコ酸とよばれる高分子成分を含んでいる．その外側には膜がない．この構造は，細胞内でつくられたタンパク質やデンプンなどを分解する酵素を細胞外に分泌するのに都合がよく，自然環境下で生活する枯草菌が，生活圏にある枯れ草などをこれら酵素により分解し，その消化産物を自身の栄養源として取込むことを可能にしている．私たちが日常食べている納豆は，納豆菌が分泌した酵素が，蒸したダイズを消化することによりつくられた発酵食品なのである．

枯草菌はさらに，環境が増殖に適さなくなると，細胞内に胞子を形成する（図2・3b）．胞子は乾燥や高温に耐性を示すので，環境が改善されるまでの長期間の生存が可能である．

このように，大腸菌と枯草菌とでは細胞を取囲む表層部分の構造に違いがある（図2・4）．これはこれら細菌の生活環境への適応の例ともいえるが，応用の面から見ると，枯草菌の場合は細胞内でつくったタンパク質を**細胞外に分泌する**能力がある，ということで有用とも考えられる．実際，この性質を利用して各種の酵素を

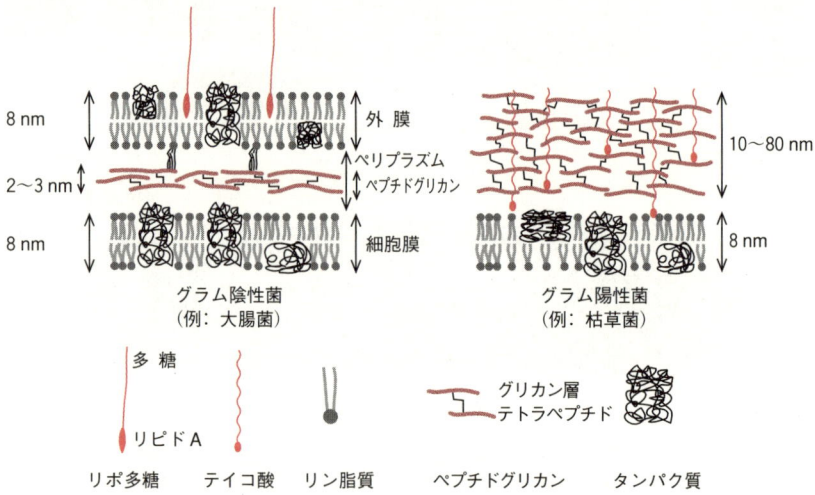

図2・4　**グラム陰性菌（a）とグラム陽性菌（b）の細胞表層**．グラム陰性菌には細胞膜と外膜があり，その間に2～3層の薄いペプチドグリカン層がある．外膜にはリポ多糖があり，発熱，下痢などのショック，免疫機能の高進などの生理活性を示すことから内毒素ともよばれる．グラム陽性菌には外膜がなく，テイコ酸を含む厚いペプチドグリカン層をもっている．

工業的に生産する目的で、枯草菌の利用が試みられている．

上に述べた細胞表層の違いは細菌の分類の面でも非常に有用な性質で，自然界から分離された細菌についてまず調べられる特性の一つとしてあげられる．両者を分別する方法は，1884年に**グラム**（C. Gram）により開発された．細菌を熱固定した後にクリスタルバイオレットのような塩基性色素で染色し，ヨウ素－ヨウ化カリウム混合溶液で処理後アルコールで脱色すると，枯草菌は紫色に染まるが大腸菌は脱色される．枯草菌のように染まるものを**グラム陽性菌**，大腸菌のように脱色されるものを**グラム陰性菌**という．この現象は，グラム陽性菌では厚いペプチドグリカンから成る細胞壁中に，ある特有な成分により色素－ヨウ素複合体が捕捉されてアルコールで処理しても溶出されないが，グラム陰性菌は外膜があることとその成分がないために脱色されると考えられている．大部分の細菌はグラム陽性か陰性のどちらかに分類され，その性質はたとえば抗生物質感受性（一般に，グラム陽性菌のほうが陰性菌より感受性が高い）などのような他の性質ともよく関連することから大変重要な特徴とされている．

細菌には，グラム陰性菌のように細胞壁の外側に**リポ多糖**から成る外層をもつもの，結核菌のように特殊な**糖脂質**を含む外層をもつもの，また，べん毛あるいは繊毛といわれる繊維状の機構を形成し運動性をもったり，他の細胞との遺伝子の授受（第3章参照）を行ったりするものもある．

2・2 真核細胞の構造と機能

40億年ほど以前に地球上に誕生した原始生命体は，まず真正細菌のグループと古細菌のグループの二つに分かれ，その後古細菌のグループから細胞内に膜構造体が発達しやがて核様体の周囲を取囲むことによって，細胞内で染色体をコンパクトに集積させた．すなわち核の出現，**始原真核生物**の誕生である．これはおそらくアメーバのように動き回る能力を得た細胞が，それまでの球状や桿状から扁平状になると同時に大型化し，細胞内の機能を効率よく進行させるためには，膜構造を発達させることが必要だったせいではないかと考えられている．それは核の形成のみならず，それぞれの機能単位で必要とする構成要素を集積させ，膜で囲い込んで他の機能単位との独立性をもたせることによりさらに機能的になったことだろう．このような機能単位を**細胞小器官**（organelle，**オルガネラ**）と称する．

現存の真核生物は，図2・5のような構造をもっている．各細胞小器官とその役割を列挙すると，

2. 細胞の構造と機能

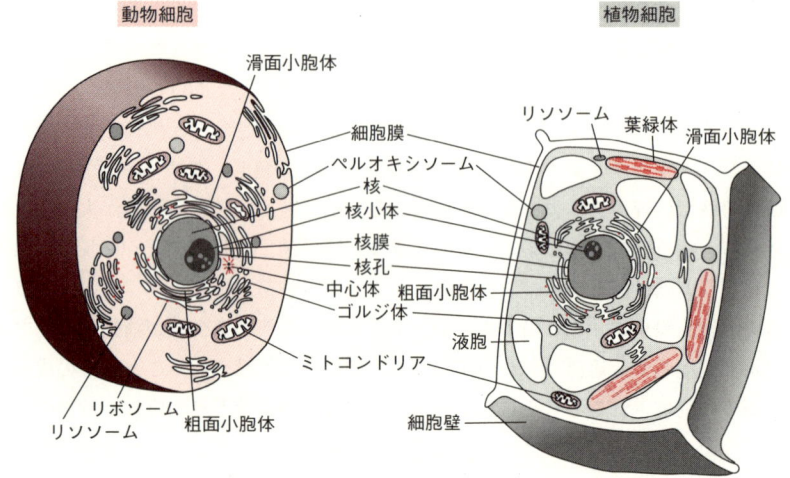

図 2·5　真核細胞の構造

核：核内外への物質の移動を可能とする**核孔**をもった二重膜構造により囲まれており，内部には遺伝情報の大部分を担う**染色体**（DNAとタンパク質の複合体）を含む．染色体のうち rRNA 合成に関与する **rDNA** を含む領域は，**核小体**として特徴的な形態を示す．**核膜**は細胞周期のうち有糸分裂の期間は消失する．

粗面小胞体：核膜に連絡した袋状の膜構造体があり，その細胞質側にリボソームが結合しているので粗面となる．この膜結合性のリボソーム上では，他の細胞小器官で機能するタンパク質，膜構成タンパク質，細胞外に分泌されるタンパク質などの合成が進行する．合成されたタンパク質は小胞体の内側（**内腔**という）に取込まれ，糖鎖の付加，成熟化を受ける．

滑面小胞体：リボソームの見られない小胞体で，おもに脂質合成が行われている．

ゴルジ体：粗面小胞体と対応して，粗面小胞体内腔で修飾を受けたタンパク質の糖鎖などをさらに修飾し成熟型とする．ついで，他の細胞小器官，細胞外分泌系への輸送を支配する．

リソソーム：多種類の**加水分解酵素**を含む細胞小器官で，内部は酸性に保たれる．細胞外から取込まれた物質（タンパク質，核酸，糖質，脂質など）を含む顆粒と合体すると，その物質を酵素により分解し低分子化する．

ペルオキシソーム：**カタラーゼ**，**酸化酵素**などを多量に含み，**活性酸素**の除去や過酸化物の分解に関与する．DNA は含まないが，進化の過程で共生により形成

されたと考える見方もある．酸素存在下での生存には，その毒性の除去に関与するから大きな役割をもつ．

ミトコンドリア：好気性細菌の共生により成立したと考えられる．機能発現に必要なタンパク質の一部の合成を指示する DNA，独自の RNA，タンパク質合成系を保持しており，その性質は真正細菌のものとほぼ同一である．内外2層の膜により囲まれており，内部に突出した**クリステ**と内腔を埋める**基質**（マトリックス）部分から成り，エネルギー生産に関与している（第4章参照）．

植物細胞の構造と機能も動物細胞とほぼ同じであるが，独特の細胞小器官としては，

葉緑体：黄色の**カロチノイド**のほかに多量の**クロロフィル**を含むので緑色に見える．内外2層の膜により包まれており，内部には**ストロマ**（基質）とラメラ構造をもつ**チラコイド**がある．炭酸ガス固定反応の場として重要である（第4章，第5章参照）．

液胞：動物細胞では**空胞**といわれることが多いが概して発達は顕著でない．成長した植物細胞では細胞容積の大部分を占めるほどに発達しており，一重の膜で仕切られている．内部には無機塩類，有機酸，炭水化物，タンパク質，アミノ酸，配糖体などを含む．膨圧により植物体に力学的強度を与える．

細胞壁：細胞膜の外側には，セルロース，ヘミセルロース，ペクチン質を主成分とする細胞壁があり，形態・機能上重要な役割を有する．

などが特徴的である．

2・3　原核細胞の増殖と機能の利用

単細胞生物はすべての機能を1個の細胞で発揮し，環境に応じて生存に適した対応をする．そして，自己の生存に適当な環境下ではその数を増やし，条件の悪化とともに死滅するが，ある条件下では休眠状態となって再度環境が自己の増殖に都合がよくなるのを待ち受ける能力をもつものもある．多細胞生物においても，分離した細胞を見ると単細胞生物によく似た行動をとることがわかる．このように，自己を再生産する能力は生物を構成する単位である細胞が示す特徴の一つであるが，その過程は**細胞周期**とよばれる．細胞は細胞周期を繰返すことにより増殖するわけである．ここでは原核生物と真核生物とに分けて細胞周期と細胞の増殖および機能についてみてみよう．

細胞の性質を規定するものは遺伝情報であるから，自己の再生産に必須なものは

まず遺伝情報すなわち**染色体の複製**である．そのほかの成分はほぼ2倍に増加した時点で二分されればよいので，通常環状になった染色体を1分子だけしかもたない細菌のような**原核生物の細胞周期**は比較的簡単と考えられ，染色体が複製を終了すると両方向に分離し，その後に細胞の中央に**隔壁**が形成され二つの**娘細胞**に分裂することが観察されている（図2・6）．しかし複製の終わった染色体がどのようにし

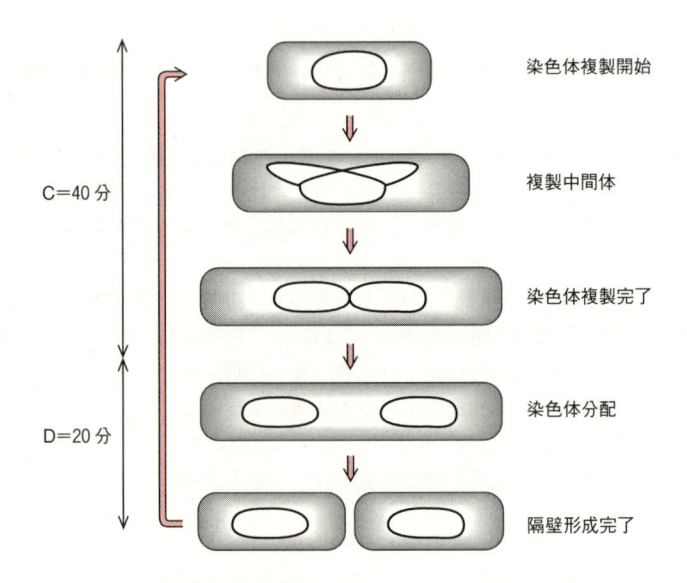

C＝40分 — 染色体複製開始 / 複製中間体 / 染色体複製完了

D＝20分 — 染色体分配 / 隔壁形成完了

図 2・6　**大腸菌の細胞周期**．1世代が60分という培養条件下にある大腸菌では，染色体の複製に必要な40分（C期）の後，複製した染色体の分配，隔壁形成に必要な20分のD期を経て二つの娘細胞を形成する．

て新たにできる娘細胞に分配され，細胞の中央に隔壁が形成されるのかその制御の機構は未だ明らかになっていない．真核細胞の分裂装置のような染色体の分配に関与する構造体は電子顕微鏡でも観察されないが，分子のレベルでの解析が最も進んでいる大腸菌や枯草菌について最近得られた知見をまとめると，染色体の分配や隔壁の形成には真核生物にあるものと類似した運動性のタンパク質が関与しているらしい．

　細菌を適当な栄養条件を備えた培養液（**培地**）に植えた後の増殖経過を観察すると図2・7のようになる．微生物は一般に寒天を含んだ栄養培地などに保存されて

2・3 原核細胞の増殖と機能の利用

おり，細胞は**休止期**にあるから，それを新たな培養液に植えるとしばらくの間その条件に適応する期間を必要とする．この期間を**誘導期**または**遅滞期**という．その後細胞は急速に分裂増殖する．この期間すなわち**対数増殖期**には細胞の代謝が最も盛んに行われるので，その過程に関与する酵素などの細胞成分を調製するのに適している．対数増殖期を初期，中期，後期に分けることもある．やがて培地中の栄養成分が枯渇したり，増殖に伴って生成した老廃物が蓄積してくると細胞の増殖は停止する．この期間を**定常期**または**静止期**という．さらに時間が経過すると細胞は徐々

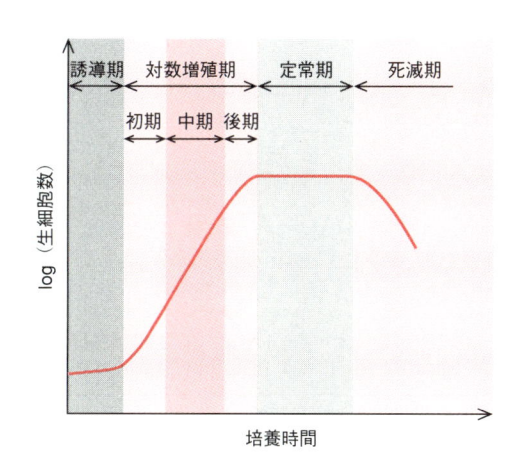

図 2・7 細菌の増殖経過

に死滅するのでこの期間を**死滅期**または**減衰期**とよぶ．枯草菌のように対数増殖期の後期ころから耐久性の細胞すなわち**胞子**を形成するものもある（図2・3）．

微生物の培養には，目的に応じて種々の培地が利用されるが，その典型的な例を表2・1に示す．大きく**天然培地**と**合成培地**に分けることができる．前者は対象とする微生物が生育するのに適した自然界にある物質すなわち動・植・微生物の抽出物などを基にするものである．たとえば大腸菌を肉汁培地で培養すると20分に1回分裂増殖するほどの活発な生育を示す（➡ 解説2・2参照）．ちなみにこの速度で生育を続けることができるとするとその細胞量は3日後には地球の体積をはるかに超えてしまうほどの勢いである．このことが，微生物を利用して物質生産をすることの長所の一つとなっている．

合成培地は，組成のわかっている化学物質を組合わせて調製するもので，材料の

表 2·1 細菌培養用の培地の例

天然培地
　肉汁培地
　　　肉エキス　　　　　　　　　　10 g
　　　ペプトン　　　　　　　　　　10 g
　　　塩化ナトリウム　　　　　　　 5 g
　　　蒸留水　　　　　　　　　　1000 ml
　　　pH　　　　　　　　　　　　 7.2

合成培地
　M9培地
　（a）　M9混合液
　　　リン酸一水素ナトリウム（二水塩）　60 g
　　　リン酸二水素カリウム　　　　30 g
　　　塩化アンモニウム　　　　　　10 g
　　　塩化ナトリウム　　　　　　　 5 g
　　　蒸留水　　　　　　　　　　1000 ml
　（b）　グルコース　　　　　　20 %　溶液
　（c）　硫酸マグネシウム　　　0.1 M 溶液
　（d）　塩化カルシウム　　　　0.01 M 溶液

上記成分をそれぞれ別個にオートクレーブ（圧力釜）で滅菌し、滅菌蒸留水 900 ml、(a) 100 ml、(b) 20 ml、(c) 10 ml、(d) 10 ml の割合で混合する

　季節的変動や不均一性に由来する多少のばらつきが避けられない天然培地に比べて、つねに一定の条件が設定されることから、一般に厳密な再現性が要求される実験や工業生産などにはよく用いられる。中間的なものとして、組成の一部を天然由来の物質で置き換えた**半合成培地**もあり、目的に応じた利用がなされている。

　微生物は多様な環境条件に適応しており、温泉の泉源のような高温のところ、数千メートルに及ぶ深海、地中、氷河の中、動植物の体内などありとあらゆるところに生息している。このような微生物の中には予想できないような機能をもつもの、化合物を生成するものもあることが過去の研究から明らかにされており、数々の発酵食品や嗜好品の生産、抗生物質をはじめとする医薬品や生理活性物質の供給源などとして利用されてきた。したがって、新規な微生物の発掘は生物のさらなる能力を手中にするきわめて有望な方策の一つと考えられ、現在もさまざまな環境からの試料収集が続けられている。微生物を用いた、アミノ酸や高分子の原料となるアクリルアミドなどの生産については第6章で述べる。

2・4 真核細胞の増殖と機能の利用

真核細胞には，酵母や原生動物のように単細胞で生活するものもあるが，ここではより身近と思われる動物細胞を例にして述べる．

動物は典型的な**多細胞生物**であり，たとえばヒトはおよそ60兆（6×10^{13}）個の細胞から成っているといわれる．これらの細胞は分化して組織あるいは器官を形成し，それぞれ特有の機能を発現している．血液中の細胞はそれぞれ単一細胞として浮遊しているから採集は比較的容易であるが，赤血球のほかにリンパ球をはじめとする免疫反応に関与するいろいろな細胞が含まれているので特定の細胞群のみを分離するのは容易でない．それを可能にするのは，細胞の表面に発現されている各細胞群に特徴的なタンパク質（表面抗原という）で，これを指標として分画する方法が開発されている．組織や器官を形成している細胞は**付着性細胞**といわれ，それぞれが周囲の細胞と接触し互いに情報交換をしたり機能的に均一性を保ったりして特定の反応を進行させている．これらの細胞を独立した1個ずつの細胞とし調製するには，酵素や薬剤を使用して細胞間の接着を開放する必要がある．

器官や組織から得られた細胞は通常生育を止めた状態（以下に述べる G_0 期）にあるが，適当な培地に植えると増殖を始める．**細胞周期**は光学顕微鏡による観察の結果から染色体の凝集と娘細胞への分配が見られる**分裂期**（**M期**）とそれ以外の**間期**（**G期**）とに分けられていたが，現在，間期は染色体の複製すなわちDNA合成の準備期間にあたる G_1 期と，DNA合成の進行する**S期**，DNA合成が終了してから分裂期に至る間の G_2 期に分けられている（図2・8）．M期以外では，核内で染色体が分散して存在するために明瞭な染色体構造が観察されないが，M期すなわち**有糸分裂期**に入ると核膜の分散・消失，染色体の凝集，有糸分裂紡錘体の形成，染色体の赤道面での配列，紡錘体両極への移動，脱凝集，核膜の出現の各過程と，細胞質分裂があって，最終的に複製された染色体が両娘細胞に分配される．活発に増殖を続けている細胞ではこの周期を継続的に進めるが，組織を形成している多くの細胞は増殖を止めており，このような細胞は G_0 期にあるとされる．G_0 期の細胞は環境の変化や増殖因子の刺激などにより再び G_1 期に入り新たな細胞周期を経るのである．

組織や器官から得られた細胞は適当な培養条件が与えられるとこのように細胞周期を経て分裂増殖を始めるが，ヒトの細胞では通常50回ほど細胞周期を繰返すと分裂を停止しその後死滅してしまうことが知られている．若い個体から調製した細胞では分裂回数が多く，高齢の個体からの細胞はより少ない回数で分裂を停止して

2. 細胞の構造と機能

(a) 細胞周期

M期（分裂期）
G$_2$期
G$_1$期
G$_0$期（休止期）
S期（DNA合成期）

(b) 有糸分裂

① 間期（G$_2$期）
中心体

② 分裂前期
紡錘体極
染色体の凝縮

③ 分裂前中期
動原体
姉妹染色分体
核膜の消失

④ 分裂中期
染色体は両極の中間にある赤道面上に整列する

⑤ 分裂後期
染色体の分離

⑥ 分裂終期
分裂溝
核膜の形成，細胞質分裂

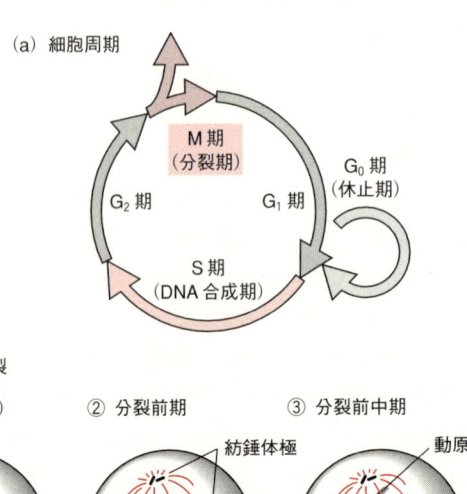

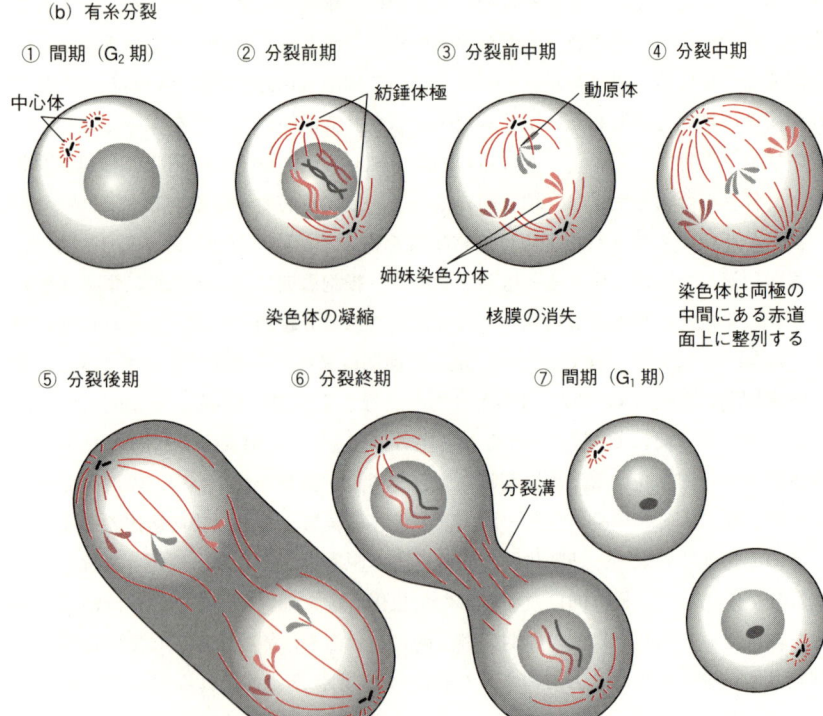

⑦ 間期（G$_1$期）

図 2・8　**真核生物の細胞周期．**真核生物では細胞分裂期（M期）に染色体が明瞭に凝縮した構造をとり，核膜が消失とともに染色体は有糸分裂により両極に分配される．その後中央部に収縮環が生じ分裂溝が形成されて細胞質分裂が進行し，二つの娘細胞となる．分裂後の細胞はG$_1$期を経て再度周期を進行するか，接触阻止などにより増殖を停止した状態（G$_0$期）となる．

2・4 真核細胞の増殖と機能の利用

しまう．あたかも細胞が自身の寿命を知っているかのような振舞いをするのである（➡ 解説 2・3 参照）．

　動物細胞は，上に述べた細菌をはじめとする微生物と比べて増殖にははるかに複雑な栄養素や微量成分を必要としており，その培養には通常各種アミノ酸，ビタミン，無機塩類などの組成のわかった低分子混合液に少量の血清を添加するのが普通である（表 2・2）．細胞が必要とする成分は，その細胞の種類，由来する組織，器官に

表 2・2　動物細胞培養用の培地の例〔イーグルの最少基本培地の組成（1 l 中）〕

成分	量	成分	量
塩化ナトリウム	6800 mg	L-バリン	46 mg
塩化カリウム	400 mg	L-コハク酸	75 mg
リン酸二水素ナトリウム（無水）	115 mg	コハク酸ナトリウム（六水塩）	100 mg
硫酸マグネシウム（無水）	93.5 mg	重酒石酸コリン	1.8 mg
塩化カルシウム（無水）	200 mg	葉酸	1 mg
グルコース	1000 mg	i-イノシトール	2 mg
L-アルギニン塩酸塩	126 mg	ニコチン酸アミド	1 mg
L-システイン塩酸塩（一水塩）	31.4 mg	パントテン酸カルシウム	1 mg
L-チロシン	36 mg	塩酸ピリドキサール	1 mg
L-ヒスチジン塩酸塩（一水塩）	42 mg	リボフラビン	0.1 mg
L-イソロイシン	52 mg	塩酸チアミン	1 mg
L-ロイシン	52 mg	ビオチン	0.02 mg
L-リシン塩酸塩	73 mg	カナマイシン	60 mg
L-メチオニン	15 mg	フェノールレッド	6 mg
L-フェニルアラニン	32 mg	L-グルタミン	292 mg
L-トレオニン	48 mg	炭酸水素ナトリウム	1.5〜2.0 g
L-トリプトファン	10 mg		

　この溶液中に 5〜10 % の血清を添加することにより，多くの動物細胞が培養可能となる．
　なお，カナマイシンは混入した細菌の生育を阻止するため，フェノールレッドは培地の pH の変化を確認するため，炭酸水素ナトリウムは pH の変動を緩和する目的で添加する．

より異なるが，血清中にはアルブミンなどのタンパク質とともに各種の微量栄養素やホルモン，増殖因子などの活性成分が含まれており，多くの細胞の増殖を支持することができる．最近では，血清中に含まれる特定の細胞の増殖に必要とされる成分がしだいに明らかにされてきたことから，精製，分離されたこれら成分を血清の代わりに添加した無血清培地も多数市販されており，特に細胞の産生する生理活性物質を工業的に生産する場合によく用いられている．

=== 解　説 ===

2・1　ペニシリンはなぜ有効なのか

ペニシリンは1929年に英国の細菌学者フレミング（A. Fleming）によりアオカビの培養液中にある細菌の生育を阻止する活性物質として発見されたが，1940年にフローリー（H. W. Florey）らのグループにより工業的に生産され，細菌感染症に対する画期的な治療薬としての歴史が始まった．この**抗生物質**〔微生物が生産する微生物の生育を阻止する物質を抗生物質とよぶことを1942年にワクスマン（S. A. Waksman）が提唱した〕は，その後つくられた種々の誘導体を含めて，現在でも最も使用頻度の高い細菌感染症治療薬としての地位を保っている．

その理由は作用機構にある．§2・1に述べたように，細菌は細胞の周囲をペプチドグリカンから成る細胞壁で覆うことにより細胞内の浸透圧に対し物理的な強度を保っている．ペニシリンはその構造が細菌のペプチドグリカン合成の中間体と似ていることから，ペプチドグリカン合成酵素に結合してしまいその活性を阻害する．その結果，細菌は細胞壁が不完全となり，長く伸びたり破裂したりして死滅する（図2・9はペニシリンの作用により細胞壁が破壊され破裂寸前の状態にある大腸菌の姿を示す）．ヒトをはじめとする動物の細胞には細胞壁はないからペニシリンは

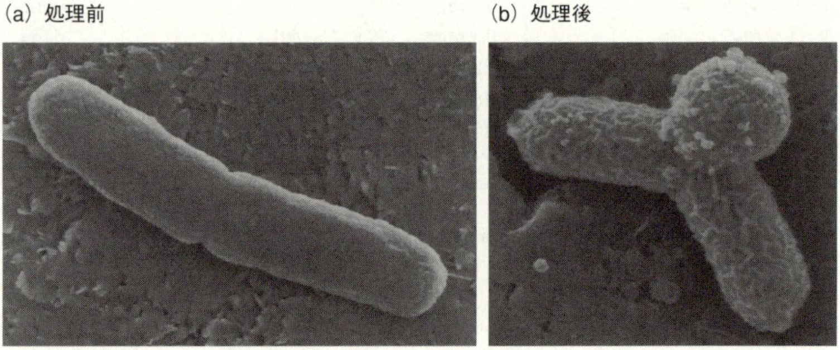

(a) 処理前　　　　　　　　　(b) 処理後

図 2・9　ペニシリン処理した大腸菌の走査型電子顕微鏡写真
（和地正明博士提供）

作用することがない．したがって，ペニシリン類は副作用の最も少ない部類の細菌感染症治療薬として使用され続けているのである．

ただ，最近はペニシリン類を分解してしまう酵素をつくる遺伝子をもったブドウ

球菌などが増加してきており，院内感染の原因菌ともなっている．特に抵抗力の低下した高齢者や乳幼児の治療には細心の注意をもってあたらねばならない．

2・2　大腸菌の世代時間が20分になりうるわけ

37 ℃で大腸菌を生育させて，染色体複製に必要な時間（C期）と，染色体複製完了後に細胞が二つの娘細胞に分裂するまでの時間（D期）を解析した結果，世代時間が60分以下になるような栄養条件下ではC期はつねに40分，D期はつねに20分であることが明らかになった．娘細胞が誕生するためには最低限染色体は2倍にならねばならないし，その後に隔壁が完成する必要があるから，上の条件が変動しないものであるなら，大腸菌の世代時間は60分以内にはなりえないように思われる（図2・6, p.26参照）．ところが，現実には肉汁培地のような栄養源豊富な

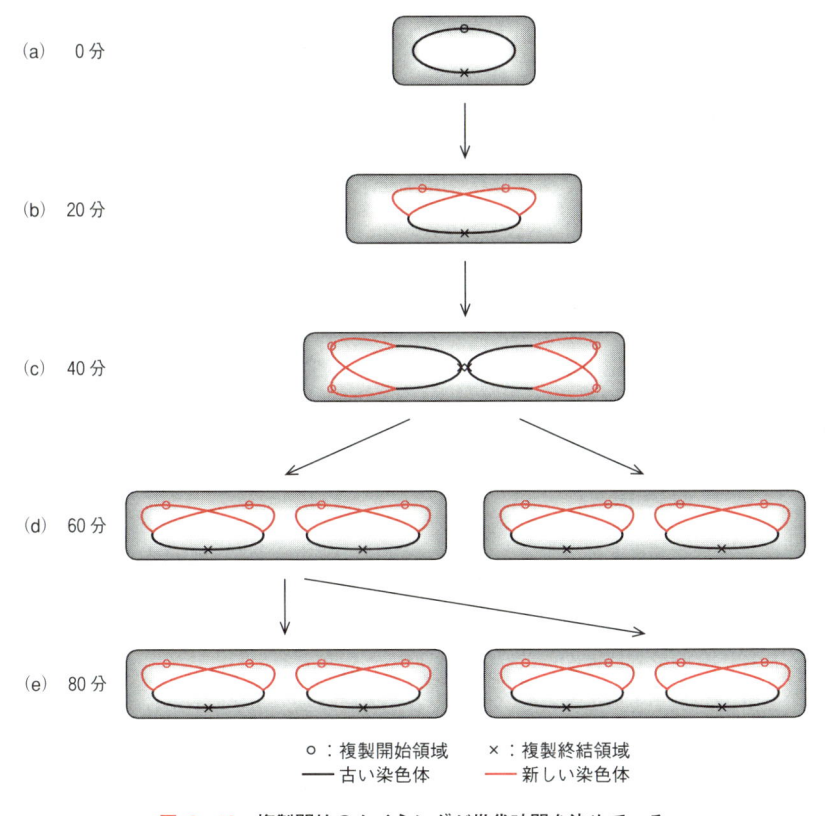

(a) 0分

(b) 20分

(c) 40分

(d) 60分

(e) 80分

○：複製開始領域　　×：複製終結領域
── 古い染色体　　── 新しい染色体

図 2・10　複製開始のタイミングが世代時間を決めている

培地中で十分に通気を行うと20分ごとに細胞数が倍になる．すなわち世代時間は20分なのである．どのような仕組みでそれが可能になっているのだろうか．

答を先にいうと，新しい染色体複製が20分おきに開始するのである．§3·12で述べるレプリコンモデルで提唱されたイニシエーターが20分ごとにレプリケーターに作用して複製を開始させると考えれば理解できよう．

世代時間が60分だった培地で生まれたばかりの娘細胞が，世代時間20分の培養条件に移行した場合を考えてみよう（図2·10）．まず移行直後に1度目の複製が開始する（a）．20分後には最初の複製は染色体のちょうど中央まで複製が進行している（b）．このとき2度目の複製が開始するのである．40分後には最初の複製は完了し，2度目の複製は染色体の半分まで進行していることになる（c）．複製の完了した染色体は分離し細胞の両側に移行する．そして複製完了20分後には隔壁が完成して新たな娘細胞となる．そして，その，娘細胞では先ほどの2度目の染色体複製が完了し3度目の複製が染色体半ばまで進行しているのである（d）．以降はこの過程を繰返すことにより20分に1回の速度で分裂が可能となる（e）．

細胞内のRNA合成やタンパク質合成をはじめとする代謝系も豊富な栄養源を基にして染色体複製に対応した速度で進行するから，世代時間の短い細胞は長い細胞に比べるとはるかに大型である（大腸菌の場合太さは変わらないからその分長くなる）．

細菌でこのような機構が働いていることは，染色体複製開始領域に近い遺伝情報に対応するDNAの量が，複製終点領域に位置する遺伝情報に対応するDNAより世代時間に反比例して多くなることから実験的に証明されたのである．

真核生物では，細胞周期は各過程が経時的に正確に進行するように規定されており，細胞の分裂が完了してG_1期を経過しないと新たな染色体複製は開始しないように厳密な監視機構が働いている．

2·3 細胞の寿命

組織から分離調製してきた正常な動物細胞は，適当な条件下で培養しても数回分裂を繰返すとしだいに増殖速度が低下しやがて増殖を停止してしまう．ヒトの細胞では約50回の分裂が限界であるとされている．しかもこの分裂回数は細胞の由来した個体の年齢とも関連があって，新生児から調製した細胞は成人から得たものより分裂可能回数が多いことも知られている．すなわち，細胞のレベルで寿命があるかのような振舞いを示すのである．その理由はどのようなものだろうか．

細菌の染色体が環状であるのに対して真核生物の染色体は直鎖状であることが知られており，遺伝子すなわち遺伝情報は染色体の両端からある距離を置いたところ

に分布している．染色体の両端は一定の塩基配列が何回も繰返した構造をしており**テロメア**（telomere）とよばれる．この構造がある長さ以上に維持されていることが染色体の安定性および機能発現に必要であると考えられる．DNA複製に関与する酵素であるDNAポリメラーゼはプライマーがないと複製を開始することができないので，テロメア部分の複製のうちラギング鎖に相当する部分は複製されるたびにプライマーの分だけ短くなってしまう．したがって，細胞が何回か分裂するうちにその部分が限度以下の長さになってしまい，染色体としての機能が果たせなくなるので細胞は死んでしまうと考えられている（図 2・11）．

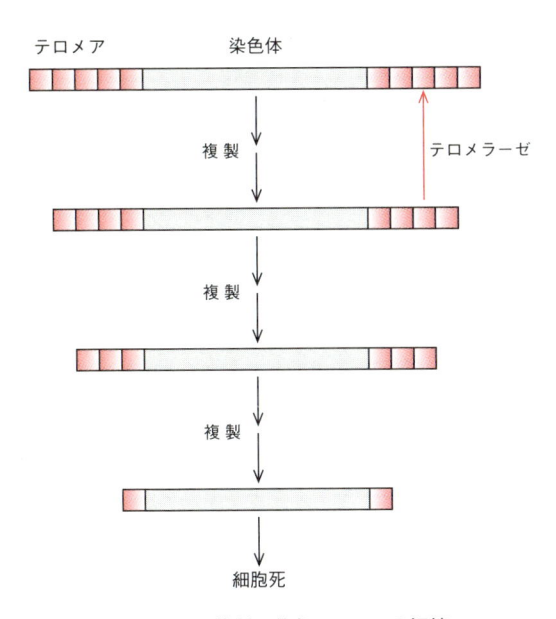

図 2・11　複製に伴うテロメアの短縮

　このテロメア部分を複製する酵素**テロメラーゼ**（telomerase）の存在が知られているが，その活性は生殖細胞や分化する以前の細胞（幹細胞）を除いて正常細胞ではほとんど検出されない．他方，がん細胞にはテロメラーゼの活性が認められることが多く，しかも悪性度が高い（増殖力が旺盛な）がん細胞ほどより高い活性を示すことが知られている．したがって，テロメラーゼ活性を特異的に阻害する物質はがん細胞の生育を抑制する可能性が考えられることから，そのような活性物質の探索と抗がん剤としての開発が試みられている．

なお，これとは直接関連しないと思われるが，生物の寿命には染色体に生じた欠陥の蓄積が関与していると考えられている．たとえば，染色体複製の過程で生じた突然変異や，紫外線，放射線，化学物質による塩基の修飾やその修復過程で生じた変異などである．特に代謝の過程や放射線照射の結果で生じる反応性の高い**活性酸素**がDNAに損傷を与えることが知られており，長寿命の個体では活性酸素の除去に関与する**スーパーオキシドジスムターゼ**などの酵素活性が高くなっていることが実験的に示されている．抗酸化物質が老化防止の妙薬として注目されているのはこのような理由からである．

3

遺伝子の構造と機能

3・1 遺伝と遺伝情報

　最近ではあまり使われなくなったように思うが，口の悪い人が "できのよい子供" をもつ "できの悪い（？）親" に対して "鳶が鷹を生んだ" などということがある．これは前提として " '鳶' が '鷹' を生むことはない" という共通の認識があるから成り立つわけで，通常は "蛙の子は蛙" なのである．このようにヒトは経験的に "子は親に似るが同じではない" という "遺伝" の現象を理解していたわけであるが，その仕組みを科学的に解析したのは**メンデル**（G. J. Mendel）で 1865 年のことである．

　よく知られるようにメンデルは，エンドウを用いて丸い種子としわのよった種子から成る個体同士を交配し，次世代（F_1）の種子がすべて丸くなることを観察した（図 3・1）．このことから，エンドウは種子の表面の形を決める**遺伝要素**〔現在私たちが使っている**遺伝子**という用語は 1909 年に**ヨハンセン**（W. L. Johannsen）が提唱した．このようにともに一つの形質の決定に関与する 1 対の遺伝子を**対立遺伝子**という〕をもっていて，種子にしわがあるという性質は丸くなる性質に対して**劣性**であり，丸くなる性質はしわがあるという性質に対して**優性**であると考えた．すなわち，優性の遺伝要素と劣性の遺伝要素が共存すると必ず優性の性質（表現型）が示されるのである．これを**優劣の法則**という．

　つぎに，上に述べた次世代で得られた丸い種子から得られた個体を自家受粉（F_2 世代）すると，丸い種子としわのある種子とが 3：1 の割合で得られた．すなわち，配偶子形成の際に，個体のもつ 1 対の対立遺伝子が，それぞれ別々の配偶子に入っ

た結果，F_2世代で劣性の形質をもつものが出現したわけで，これを**分離の法則**という．

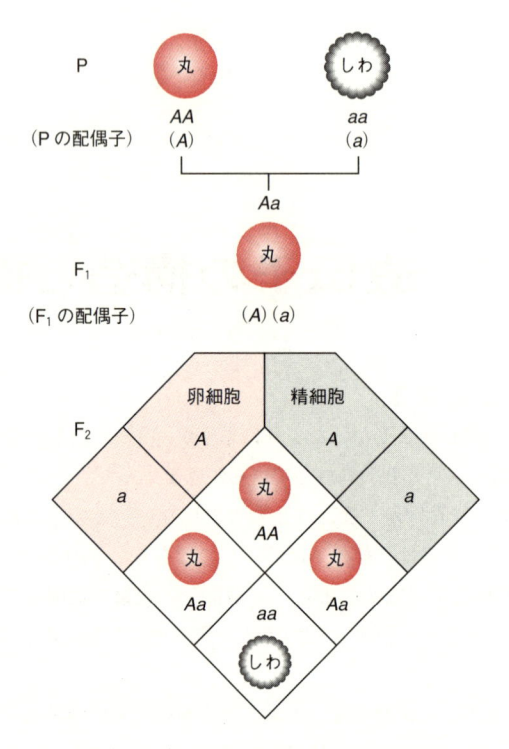

図 3・1 メンデルのエンドウを用いた遺伝現象の発見. 雑種一代目では一方（優性）の形質のみが表現される（優劣の法則）が，雑種2代目では（優・劣）両方の表現形質が（3：1の比率で）出現する．これは配偶子形成の際に，個体がもつ対立遺伝子は別々の配偶子に入るからである（分離の法則）．

さらに，たとえば種子の色と表面の性質とは互いに関連せずに子孫に伝わることから，異なる対立遺伝子は別個に遺伝すると結論した．これを**独立の法則**という．

メンデルのこの発見は遺伝要素の実体が明らかでなかったこともあって長い間忘れられていたが，20世紀になって**染色体**の行動がメンデルのいう遺伝要素とよく一致することが明らかにされて再評価されるに至った．すなわちこの間に，メンデルの遺伝学では説明できない現象として**突然変異**の概念が**ドフリス**（H. de Vries）に

3・1 遺伝と遺伝情報

より提唱されたこと，また，**モルガン**（T. H. Morgan）が，ショウジョウバエで得られた多数の変異体に見られる性質の挙動に関する研究から相同染色体間での**組換え現象**を発見し，それを利用した**遺伝子地図**の作成に成功したことなどから，メンデルが想定した遺伝要素が染色体上にあるとすればいろいろな現象をうまく説明できることが理解されだしたのである．

ついで**ビードル**（G. W. Beadle）と**テータム**（E. L. Tatum）が，放置したパンの表面に生えることがあるカビの一つアカパンカビで，培地にアルギニンを添加しないと生えないような変異株を分離したところ，アルギニンがないとまったく生えないもの，アルギニンがなくてもシトルリンを加えれば生えるもの，オルニチンでもシトルリンでも生えるものがあることを発見した（図3・2）．このことから彼らは，

	最少培地	オルニチン添加	シトルリン添加	アルギニン添加
野生株	+	+	+	+
変異株 A	−	+	+	+
変異株 B	−	−	+	+
変異株 C	−	−	−	+

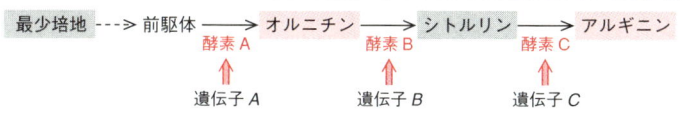

最少培地 ---> 前駆体 —(酵素A)→ オルニチン —(酵素B)→ シトルリン —(酵素C)→ アルギニン
　　　　　　　　　　↑　　　　　　　　　↑　　　　　　　　↑
　　　　　　　　　遺伝子A　　　　　　遺伝子B　　　　　遺伝子C

図 3・2　**ビードルとテータムによるアカパンカビを用いた一遺伝子一酵素説の提唱．** アカパンカビ野生株は，スクロース，ビタミン B，無機塩類から成る最少培地で生育する．この株をX線照射して得られた変異株は，アルギニンを添加すると生育することができる．しかし変異株 A はアルギニンの代わりにオルニチンまたはシトルリンを加えても生育できるが，変異株 B はアルギニンまたはシトルリンを添加しないと生育しない．変異株 C はアルギニンを添加したときのみ生育することができた．このころすでにアルギニンの生合成過程が，オルニチン→シトルリン→アルギニンであることがわかっていたことから，1遺伝子が上の1過程に機能する酵素の合成を指示していると結論した．

おのおのの変異株はそれぞれ異なる遺伝子に変異をもっていると推定し，**一遺伝子一酵素説**を主張するに至った．すなわち一つの遺伝子が一つの酵素（タンパク質）の形成を指示しているというものである．

3・2 遺伝情報を担う物質

遺伝子の概念はしだいに確立されたが，その実体の解明には時間が必要だった．最初のきっかけを与えた実験は**グリフィス**（F. Griffith）が 1928 年に行ったネズミに感染する肺炎球菌の病原性に関するものであった．肺炎球菌の病原性は細胞の周囲を取巻く粘性をもつ**莢膜**といわれる細胞壁成分の存在によって発現されることがわかっていたが，この成分をもつ細胞の集落は表面が滑らかであることから **S**（smooth）**型菌**，これをもたないものは表面が粗い **R**（rough）**型菌**とよばれていた．R 型菌は病原性がない．グリフィスは S 型菌を加熱処理すると死滅するので病原性を示さなくなるが，本来病原性をもたない R 型菌と加熱処理した S 型菌とを混合してマウスに投与すると，マウスは死んでしまうばかりでなく，発病したマウスの血液中にはなんと S 型菌が大量に増殖していることを観察したのである．すなわち，加熱処理して死滅した S 型菌の成分が R 型菌を S 型菌に転換してしまったことになる．このような活性を**形質転換活性**という．

この活性成分の追跡にはかなりの時間が必要だった．活性成分を精製していくにつれて DNA の割合がしだいに高くなりタンパク質含量は減少したが，RNA とともにつねに無視できない量が含まれていた．当時の分離技術では完全にタンパク質や RNA を除去することはできなかったのである．それと，生命現象は複雑であるからその情報を担う分子はおそらく複雑な構造をもったものに違いない，との先入観が多くの研究者にあったことが理由の一つとされている．その点で，20 種類のアミノ酸が数百も連なってできるタンパク質は格好の候補と考えられたのである．それに対し，DNA も RNA もわずか 4 種類の塩基，デオキシリボースまたはリボースという糖，リン酸という単純な成分から構成された物質であった．

このような考え方を払拭したのは 1944 年に**エブリー**（O. T. Avery）らが行った実験の結果である．彼らは当時入手できるようになったタンパク質，DNA，RNA をそれぞれ選択的に分解する能力をもつタンパク質，すなわち酵素で上の形質転換活性を示す成分を処理した．その結果，形質転換活性は DNA 分解酵素によってのみ完全に消失し，タンパク質分解酵素や RNA 分解酵素で処理しても活性に変化が見られなかったのである．

このように見事な結果から，DNA が肺炎球菌に病原性を付与する情報の授受に重要な役割をもつことは受入れられたが，それでもこれは細菌の一つの性質に関与することで遺伝現象一般に対する DNA の役割つまり普遍性については疑問である，と考える研究者も多かったそうである．

3・2 遺伝情報を担う物質

　DNAが遺伝情報の担い手であることを示したもう一つの実験は，大腸菌に感染するウイルスである**T2ファージ**（タンパク質の外殻とそれに包まれたDNAとから成る）と放射性同位元素を組合わせた**ハーシー**（A. Hershey）と**チェイス**（M. Chase）の実験である（図3・3）．彼らは硫黄とリンの放射性同位元素である ^{35}S と ^{32}P を加

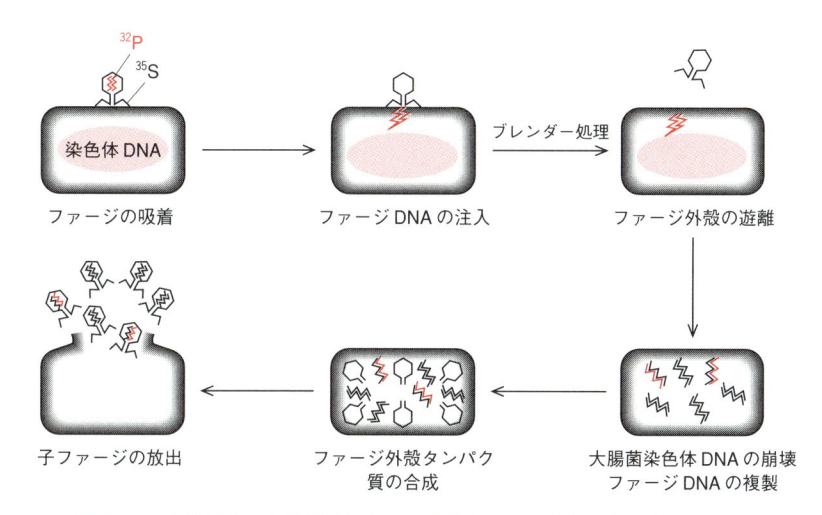

図3・3 **大腸菌と放射能標識したファージを用いた感染実験**．外殻タンパク質を ^{35}S で，DNAを ^{32}P で標識したファージを大腸菌に吸着させ，しばらく後にブレンダーで撹拌すると，外殻ははがれ落ちる．その後，大腸菌内でファージDNAの複製と外殻タンパク質の合成が進行し，30分ほどで多数の子ファージが放出される．放出された子ファージは ^{32}P を含んでいたが， ^{35}S はほとんど検出されなかった．

えた培地で大腸菌とファージを培養し，これらを取込んだファージを調製した．硫黄はメチオニンやシステインのようなアミノ酸に含まれるがDNAには含まれない．リンはDNAには含まれるがアミノ酸の構成元素ではない．ファージを大腸菌と混ぜるとまず細胞表面に接着し，その後大腸菌の中で子孫ファージの構成成分が合成され，やがて完成した子ファージが大腸菌の細胞膜を破って飛び出してくる． ^{35}S と ^{32}P で標識されたファージを精製し，大腸菌と混合後ブレンダーで激しく撹拌すると大腸菌細胞表面に接着していたファージは大部分の ^{35}S とともにはがれ落ちてくる．ところが，しばらくして飛び出してきた子ファージは， ^{32}P は含んでいたが ^{35}S はほとんどもっていなかった．この結果から，彼らは大腸菌の中で子ファー

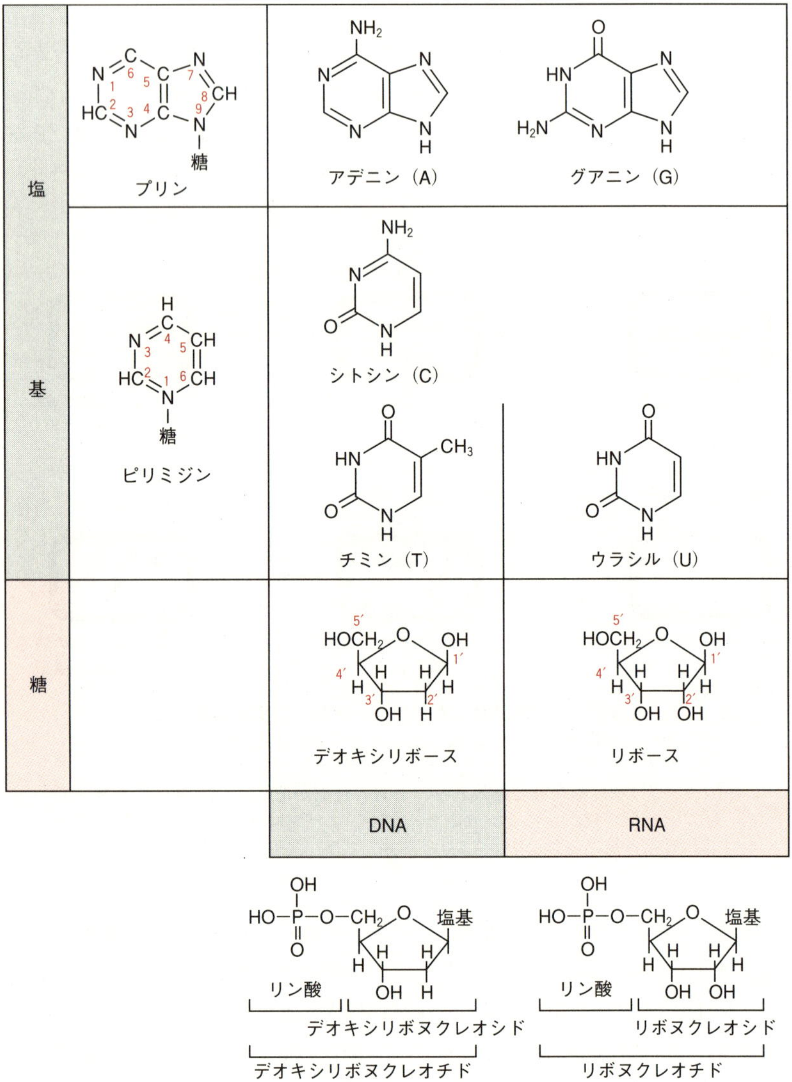

塩基	プリン	アデニン (A)	グアニン (G)
	ピリミジン	シトシン (C)	
		チミン (T)	ウラシル (U)
糖		デオキシリボース	リボース
		DNA	RNA

デオキシリボヌクレオシド（リン酸＋糖＋塩基を含む構造）
デオキシリボヌクレオチド

リボヌクレオシド
リボヌクレオチド

図 3・4 **DNA と RNA の構成成分**

ジを形成するための情報はファージの中の ^{32}P を含む成分すなわち DNA にあって，^{35}S を含む成分すなわちタンパク質部分にはないと結論したのである．

3・3 DNA の構造

こうして,DNA が遺伝情報の担体であることは実験的に証明されたのであるが,その成分は図3・4に示すように,4種の塩基,デオキシリボースとリン酸のみだった.したがって次に研究者の頭を悩ませたのが,このように一見単純そうな物質がいかにして複雑な生命現象を支持するような機能を発揮するのかということだった.DNA の示す典型的な物理化学的性質としてわかっていたことは,

1) 丁寧に調製すると DNA は非常に長い繊維状の構造をもつ
2) DNA の溶液を加熱すると温度の上昇とともに 260 nm の吸光度が約 1.4 倍まで急激に上昇する点が観察される(これを**濃色効果**とよび,吸光度上昇の変曲点に相当する温度を**融解温度** T_m という.図3・5)
3) DNA を調製する生物の種類によりグアニン(G)とシトシン(C)が塩基全体に占める割合(**GC 含量**という)は異なるが,アデニン(A)とチミン(T),グアニンとシトシンはつねに同じ分子数ずつ含まれている〔発見した研究者の名

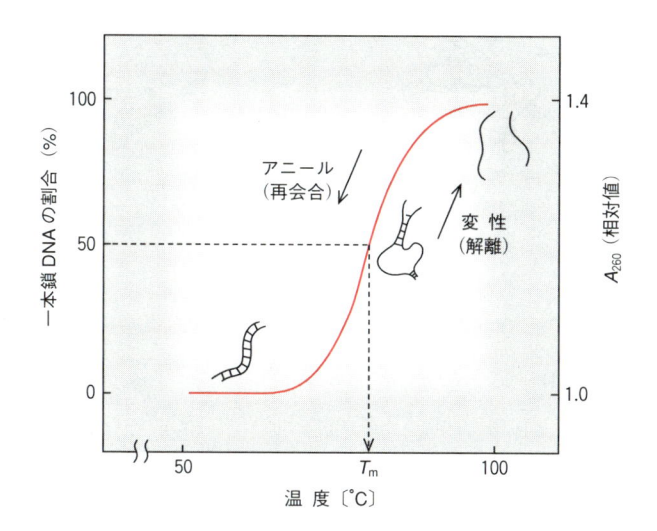

図 3・5 DNA の温度による解離と再会合-熱変性.DNA 溶液の温度を徐々に上昇させるとある温度から 260 nm の吸光度が増大する(濃色効果).これは二本鎖が部分的に解離(変性)するからで,初期値と最終値の中間点を融解温度(T_m)とよぶ.この温度では DNA の約半分の部分が解離している.さらに温度を上昇させると DNA は完全に解離し一本鎖となる.この状態から徐々に温度を低下させると互いに相補的な配列をもつ鎖同士が再度**会合**(hybridize,ハイブリダイズ)し元の二本鎖に戻る.この過程を**アニーリング**(annealing,焼きなまし)という.T_m 値は DNA を構成する塩基に GC 対が多いほど高くなる.

前を取ってシャルガフ（Chargaff）の法則という〕などである．

これらの情報と，DNA の X 線回折像の解析から 1953 年にワトソン（J. D. Watson）とクリック（F. Crick）は有名な DNA の二重らせんモデル（図 3・6）を提出した．

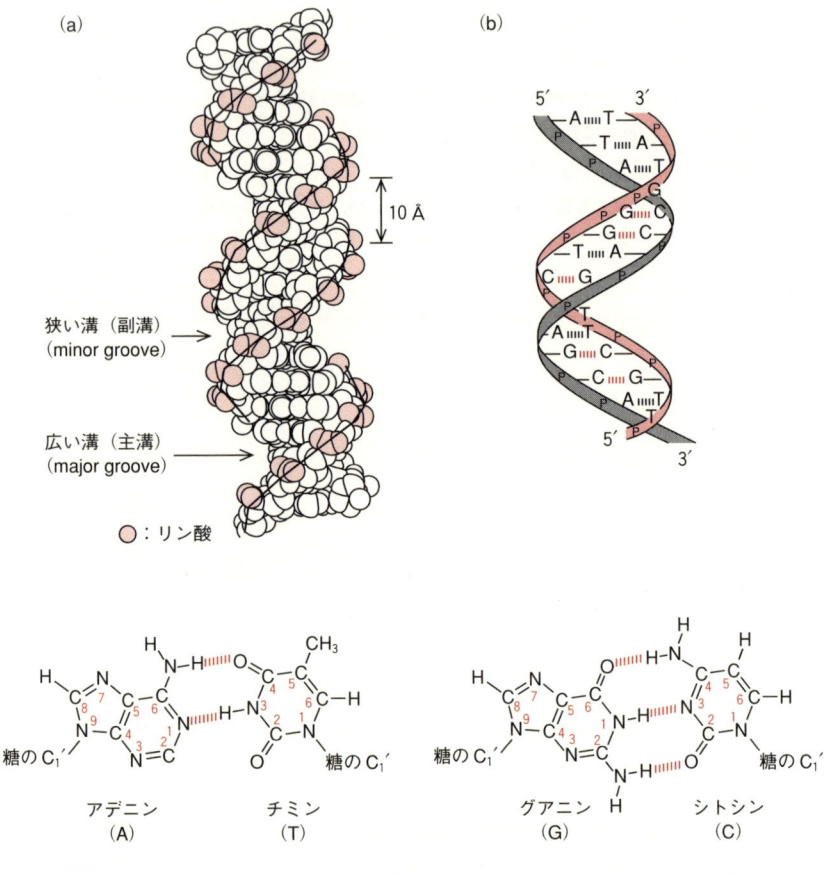

図 3・6 ワトソンとクリックにより提唱された DNA の二重らせんモデル．(a) DNA は 2 本の鎖が互いに対合した二重らせん構造をとっている．(b) 二重らせんの内部は A と T, G と C が対をつくって階段のステップ状に並んでいる．リン酸ジエステル（P）とデオキシリボースは階段の手すりに相当する．対合する鎖は互いに逆方向であることに注意．(c) A と T は 2 本の水素結合で，G と C は 3 本の水素結合で対合している．

すなわち，アデニンとチミン，グアニンとシトシンがそれぞれ2対あるいは3対の水素結合を介して対を形成し，デオキシリボースの3′と5′の位置のヒドロキシ基がリン酸ジエステル結合により連結し線状の分子が構成される．こうして2本の鎖は互いに方向性が異なる形で対を形成し，二重らせん構造をもつことになる．この構造は上の物理化学的解析により示されたDNAの諸性質を無理なく説明することができるとともに，その後の生理的検討の結果からも細胞内の大部分の領域でDNAが実際にこのような形で機能していることが明らかにされている．

3・4 DNAは遺伝情報の担体としてふさわしいか

遺伝情報は，すべての生物が自己の存在を過去から未来にわたって継続させるために必須のものであるから，その担体は以下のような条件を備えていなければならない．すなわち，

1) その生物（細胞）が生存すなわち個体の維持に必要な体制，代謝機能を保持するための情報を含んでいること
2) 情報を次世代に伝えるための仕組み，すなわち種の維持に必要な複製を可能にする構造をもつこと
3) 物質的に安定なものであるべきだが，情報の変化（変異）の可能性も考えられること

などがあげられる．
　ワトソンとクリックが提唱したDNAの構造はこれらの点から考えても情報の担体としてふさわしい性質をもっていることが明らかになっている．以下に順を追ってみてみよう．

3・5 遺伝情報はどのようにして実体化するのか

生物は高分子核酸成分として**DNA**と**RNA**を含む．RNAを構成する成分はアデニン (A)，グアニン (G)，シトシン (C)，ウラシル (U) の4塩基と，リボース，リン酸（図3・4）でDNAとよく似ているが，その構造は図3・7aに示すようにそれぞれのヌクレオチドのリボース部分がリン酸ジエステルで結合した1本の鎖であるが，互いに塩基の配列が相補的である部分では二本鎖を形成することもある（図3・7b）．また，2′の位置がヒドロキシ基になっている分だけDNAより反応性に富んでいる，いい換えれば不安定だということである．

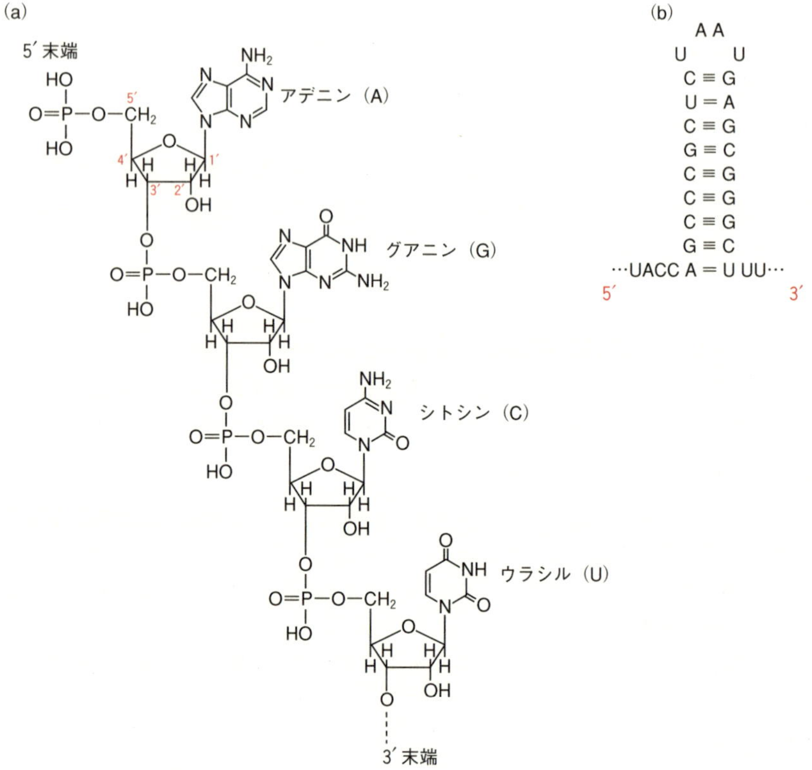

図 3・7 RNA の構造. (a) RNA は一本鎖であるが，(b) 互いに相補的な塩基配列がある部分では二本鎖を形成する．このような構造が転写，翻訳の調節機構として機能することがある．

　大腸菌にファージが感染すると，その直後に急激な RNA 合成が見られる．さらにその RNA 分子はファージの DNA によく対応している（ファージ DNA の片方の鎖と対をつくる）ことも観察された．この RNA 合成の後にはファージを構成するタンパク質の合成が急速に進行しやがてファージ粒子が形成されることが明らかになり，ここで見られた RNA はファージ DNA 中に含まれるファージ構成成分であるタンパク質を合成させるための情報をタンパク質合成の場に伝える役割をもつのではないかと推定された．このような知見をふまえて，クリックは，生命体における遺伝情報は

(複製) DNA ──(転写)──→ RNA ──(翻訳)──→ タンパク質

という一方向的に発現され，逆の流れはないのだと主張し，これはすべての生物に共通な原則と考え，**セントラルドグマ**（central dogma; dogma は宗教上の否定できない教義を示す）と称した．この過程で，DNA は "**複製**" により同一分子を再生し，DNA の情報はより反応性に富んだ RNA に "**転写**" され，RNA 上の情報は "**翻訳**" されて遺伝情報の最終産物であるタンパク質へと変換されるというのである．

1970 年代になって，ある種のウイルスでは遺伝情報の担体が RNA であることが発見され，そのようなウイルスでは RNA から DNA にいったん情報が変換されてから（これを "**逆転写**" という）通常の流れに乗ることが示された．したがって，このような場合はセントラルドグマに反するのではないかとのクレームがつけられたが，クリックは情報の流れは核酸からタンパク質への一方向性であって，タンパク質の情報が核酸に変換されることはないのだから矛盾はしないと主張したという．

3・6　RNA と転写

§3・5 で述べたように，RNA は DNA と同じような塩基，リン酸，リボースから成りその構造もよく似ているが，DNA が各細胞においてつねに決まった量存在するのに対して RNA 量は変動する．一般に活発に代謝をしたり増殖している細胞では多く，休止期にある細胞では少ない．また，RNA は大きく rRNA, tRNA, mRNA の三つに分けることができる．

rRNA（リボソーム RNA）は表 1・1 (p.8) で見たように量的に最も多く，大腸菌では 5S, 16S, 23S（S はスベドベリ数といい，遠心分離における沈降速度から算出した値．一般に分子量が大きいほど大きな値となるが，分子の形によっても変動する．**沈降係数**）の 3 種から成るが，動物細胞では 5S, 5.8S, 18S, 28S の 4 種類である．

tRNA（転移 RNA）は，70〜80 塩基から成る沈降係数 4.5S の RNA でアミノ酸を転移する活性（§3・9 参照）を有する．

mRNA（メッセンジャー RNA）は，大腸菌などでは平均 3 分ほどの半減期を示す不安定な RNA 分子である．ファージの例でも見られるように，DNA 中の多くの情報の中から，その時点で必要とされるタンパク質を合成するための情報を伝える

役割をもつ．

　RNAを構成する塩基のうちでウラシルはRNA分子に特徴的なものであり，DNA上のアデニンと対をつくる．したがってRNAは，DNA上の塩基と対を形成するようにして合成されDNA上の塩基配列を写し取ることからこの過程を**転写**といい，その過程に関与する酵素を**RNAポリメラーゼ**という．ここで，RNAポリメラーゼがRNAをつくるために**鋳型**として使用するDNAの鎖を**非コード鎖**（または**アンチセンス鎖**），つくられるRNAと同じ配列〔ウラシル（U）の代わりにチミン（T）であるが〕をもつ鎖を**コード鎖**（または**センス鎖**）という．RNAポリメラーゼはアンチセンス鎖の塩基に対応するヌクレオシド三リン酸（ATP, GTP, CTP, UTP）を用いてDNAの塩基配列の順に5′→3′方向につぎつぎと連結してコード鎖と同じ配列（Tの代わりにUを含む）のRNA分子を合成するのである．

3・7　遺伝子の構造と転写調節

　細胞が代謝を進行させたり，細胞を構築する成分を合成するためには必要に応じて目的に合致するタンパク質を必要量だけ合成しなくてはならない．また，環境の変化とは関係なく，少量ずつでも常につくり続けなければならないタンパク質もあるだろう．その区別や調節はどのようにされているのだろうか．

　細胞またその集合体である生物が必要とするタンパク質の構造および生産の調節に関する情報は，すべて塩基の配列順序（**塩基配列**）としてDNA中に書き込まれており，つくるかつくらないかの情報は，周囲の環境の変化や細胞のおかれた状況を認識する受容体およびその情報を細胞内に伝える機構（**情報伝達機構**）を介したRNA合成，すなわち転写の有無により調節されている．

　大腸菌のような真正細菌で見られる遺伝子の構造は一般に図3・8に示されるよ

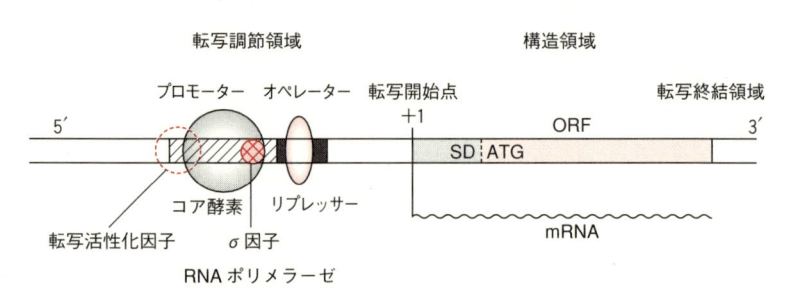

図 3・8　大腸菌の典型的な遺伝子構造

3・7 遺伝子の構造と転写調節

うな構造をしている．すなわち，通常の遺伝子は 5′ 側の**転写調節領域**と，3′ 側の**構造領域**とから成る．転写調節領域は，RNA ポリメラーゼ（真正細菌では 1 種類しかない）を構成する**シグマ（σ）因子**が認識し，本体の RNA ポリメラーゼ（**コア酵素**，$\alpha\alpha\beta\beta'$ の 4 サブユニットから成る）を結合させ RNA 合成を開始するための**プロモーター**とよばれる塩基配列をもつ．この領域の塩基配列はいろいろな遺伝子でよく似ているが微妙に異なり，その配列によって非常に効率よく転写が進行したり，少ししか RNA がつくられなかったりする．また，プロモーターの下流（5′ 側を**上流**，3′ 側を**下流**という）には**オペレーター**という，転写の進行を阻止する特定のタンパク質因子（**リプレッサー**）が結合する配列をもつ遺伝子もあって，その遺伝子の発現を転写開始の段階で調節していることもある．図 3・8 ではその例が示されている．RNA 合成はプロモーター領域の下流から開始するが，その開始点を＋1，これより上流側を－，下流側を＋で表示する．開始点からアミノ酸配列をコードする領域までの間には 16S rRNA の 3′ 末端配列と相補する配列部分があり，これを発見者の名前から **SD**（Shine–Dalgarno，シャイン-ダルガーノ）**配列**という．

構造領域は，転写された RNA の塩基配列を基にしてアミノ酸配列を決めるための情報が含まれる部分で，合成されるタンパク質のアミノ酸配列に対応する塩基配列の部分を**オープンリーディングフレーム**（**ORF**: open reading frame，**読み取り枠**）という．

すなわち，遺伝子を鉄道にたとえると，プロモーターは線路の質に相当し，それには高速で大量の輸送に適するものがあれば，ゆっくり少量の運搬に適するものもある．リプレッサーは信号でオペレーターへの結合の有無により go/stop を決める．そして ORF は車両の部分で，どのようなものを運ぶかが決められる．**RNA ポリメラーゼ**はどの軌道にも適応する気動車のようなものである．

ヒトを含めて真核生物には，核の中にある染色体 DNA の転写にかかわる RNA ポリメラーゼが 3 種類ある．**RNA ポリメラーゼ I** は rRNA，**RNA ポリメラーゼ II** は mRNA と一部の低分子 RNA，**RNA ポリメラーゼ III** は tRNA，5S rRNA をはじめとする低分子 RNA の合成に関与している．ミトコンドリアや葉緑体のようにそれ自身の DNA をもつ細胞小器官では独自の RNA ポリメラーゼをもつが，その構造は真正細菌のものとよく似ており，そのこともこれら細胞小器官が真正細菌の共生に由来することを示す証拠の一つと考えられている．

真核生物の遺伝子の構造は，上の 3 種の RNA ポリメラーゼの機能に対応してそ

れぞれ異なる特徴をもっているが，ここでは遺伝子の発現に最も深く関係しているmRNAの合成に関与するRNAポリメラーゼⅡが認識する遺伝子，すなわちタンパク質の合成と構造を指示する遺伝子の構造と転写について述べる．

大腸菌の場合と同様に，RNAポリメラーゼが結合するプロモーター領域とアミノ酸配列に対応する構造領域とから成る（図3・9）が，まず，プロモーター領域

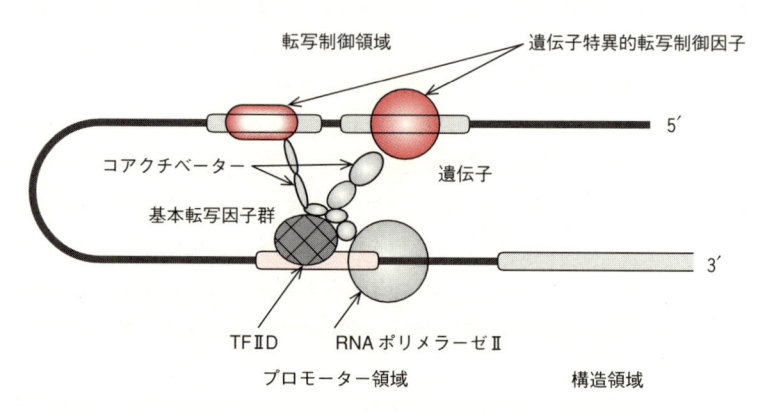

図3・9 真核細胞のmRNA合成に関与する遺伝子の構造と転写に関与するタンパク質因子

には**基本転写因子**とよばれる多数のタンパク質から成る調節因子**TFⅡD**が結合することによりはじめてRNAポリメラーゼⅡがその部分に結合しRNA合成反応を開始することができるようになる．さらに，真核生物の転写は，同じDNA上で離れた部位にある特定の配列（**転写制御配列**）に転写制御因子が結合することにより転写が活性化あるいは抑制される．転写活性を大きく促進する配列部分は**エンハンサー**，また逆に抑制するような配列部分は**サイレンサー**などとよばれる．

したがって，真核生物の転写は，プロモーターの構造，転写調節因子，転写制御配列，転写制御因子という多数の役者により調節されている．高等生物にみられるようなホルモンや増殖因子などは，細胞表面にある受容体を介した情報伝達によりこれら因子の活性化，不活性化を行うことにより遺伝子の発現の程度を微妙に調節しているのである（→解説3・1参照）．

構造領域の構造も真正細菌とは異なり，アミノ酸配列に対応する部分（**エキソン**という）が一続きになっておらず飛び飛びに位置している．エキソンとエキソンの間の部分は**イントロン**とよばれる．タンパク質はエキソンの組合わせにより完成す

るわけで，このような仕組みがタンパク質の構造および機能に多様性をもたらし，進化につながったのではないかとする考え方もある．

3・8 真核生物における mRNA の成熟過程

真正細菌では，転写により合成された mRNA がそのままタンパク質合成の情報として利用されるが，真核生物の場合は上に述べた遺伝子の構造とも関連してより複雑である．

RNA ポリメラーゼ II により合成された転写産物はそのままではタンパク質合成に利用できない前駆体で，以下の三つの段階を経て成熟型へと変換される（図3・10）．

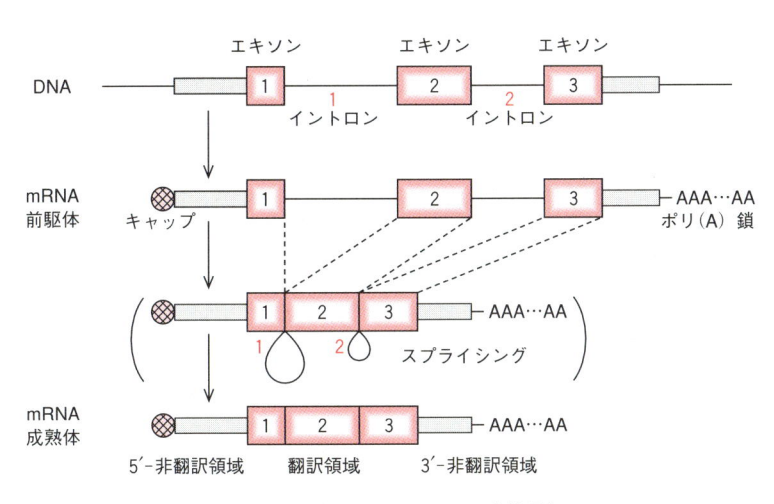

図 3・10 真核細胞の mRNA 成熟過程

1) 5′末端に**キャップ**とよばれる 7-メチルグアノシンが付加されたり，5′末端付近の塩基が修飾される．
2) 3′末端には 30〜200 のアデニンが付加される．この部分は**ポリ(A)**（ポリアデニル酸）**テイル**（尾部）とよばれる．
3) §3・7で述べたイントロンの部分が切出されてエキソン部分のみが連結される．この過程を**スプライシング**という（➡ 解説 3・2 参照）．

こうしてつくられた成熟型の mRNA は，真正細菌の mRNA と同じく，構造領域

性 質		名 称	三文字表記	側鎖の構造[†]
中 性		グリシン	Gly	$-H$
親水性	正電荷をもつ	ヒスチジン	His	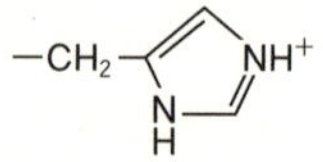 $-CH_2-\underset{\underset{H}{}}{\text{(imidazole)}}NH^+$
		リシン	Lys	$-(CH_2)_4-NH_3^+$
		アルギニン	Arg	$-(CH_2)_3-NH-C=NH_2^+$ $|$ NH_2
	負電荷をもつ	アスパラギン酸	Asp	$-CH_2-COO^-$
		グルタミン酸	Glu	$-CH_2-CH_2-COO^-$
	アミドを含む	アスパラギン	Asn	$-CH_2-CO-NH_2$
		グルタミン	Gln	$-CH_2-CH_2-CO-NH_2$
	ヒドロキシ基を含む	セリン	Ser	$-CH_2OH$
		トレオニン	Thr	$-CH(OH)-CH_3$
疎水性	芳香環をもつ	フェニルアラニン	Phe	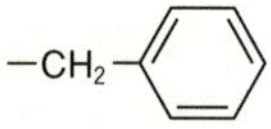 $-CH_2-\text{C}_6\text{H}_5$
		チロシン	Tyr	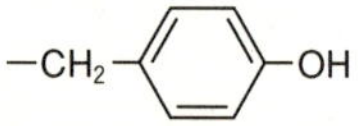 $-CH_2-\text{C}_6\text{H}_4-OH$
		トリプトファン	Trp	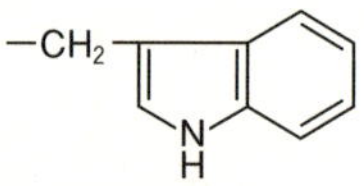 $-CH_2-\text{(indole)}$
	硫黄を含む	メチオニン	Met	$-CH_2-CH_2-S-CH_3$
		システイン	Cys	$-CH_2-SH$
	脂肪族の性質をもつ	アラニン	Ala	$-CH_3$
		ロイシン	Leu	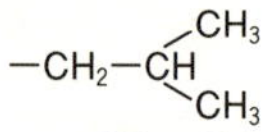 $-CH_2-CH(CH_3)_2$
		イソロイシン	Ile	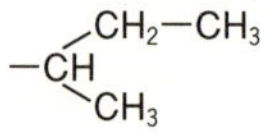 $-CH(CH_3)-CH_2-CH_3$
		バリン	Val	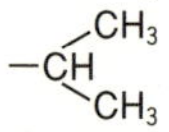 $-CH(CH_3)_2$
		プロリン	Pro	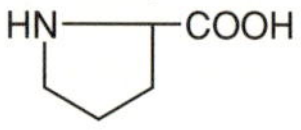 $HN\diagdown\diagup COOH$ (全構造)

[†] $H_2N-\underset{R}{\overset{H}{C}}-\overset{O}{\underset{OH}{C}}$ のR部分.ただし,プロリンは全構造を示す.

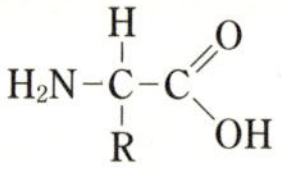

図 3・11A タンパク質を構成するアミノ酸の種類

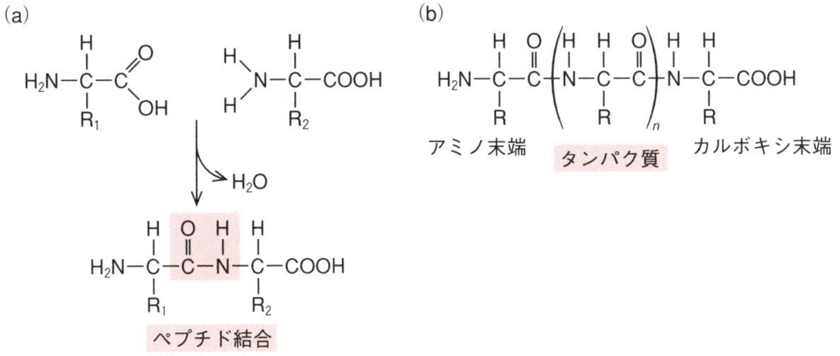

図 3・11B　ペプチド結合とタンパク質の構造

はORFに相当するアミノ酸配列に対応する塩基配列をもつから，大腸菌のシステムを用いても真核細胞でつくられるタンパク質と同じアミノ酸配列をもった産物が合成されることになる．

3・9　翻訳: タンパク質の合成

　原核生物では染色体DNAは細胞質中に浮いた状態にあり，そこで転写によりつくられたmRNAはそのままリボソームと結合して細胞質中であるいは細胞膜上でタンパク質のアミノ酸配列を指示する．タンパク質合成の場はリボソーム上であるが，リボソームは上に述べた5Sと23S rRNAに34種のタンパク質が結合した50S大サブユニット（**亜粒子**）と，16S rRNAに21種のタンパク質が結合した30S小サブユニットから成る70Sの粒子である．mRNAは30Sサブユニット上でSD配列が16S rRNAの3′末端部の塩基配列と対合することにより結合する．

　mRNA上の塩基配列がアミノ酸に翻訳される仕組みは，クリックにより推定されていた．DNAを構成する塩基は4種に限られるのに対し，タンパク質中に見られるアミノ酸は20種類である（図3・11A）．一つの塩基が一つのアミノ酸に対応するとしたら4種のアミノ酸しか特定できない．二つの塩基の組合わせでアミノ酸を特定したとしても $4^2=16$ しか決められないから不十分である．したがって少なくとも三つの塩基の組合わせが一つのアミノ酸を規定すると考えた．$4^3=64$ 通りであるから十分に対応することができるわけである．

　この理論は1960年代に**コラナ**（G. Khorana），**ニレンバーグ**（M. Nirenberg）らにより実験的に証明された．表3・1に示すように，三つの塩基の組合わせがそれ

表 3·1 mRNAのヌクレオチド配列とアミノ酸の対応

第1字目	第2字目				第3字目
	U	C	A	G	
U	UUU Phe UUC Phe UUA Leu UUG Leu	UCU Ser UCC Ser UCA Ser UCG Ser	UAU Tyr UAC Tyr UAA オーカー[†3] UAG アンバー[†3]	UGU Cys UGC Cys UGA オパール[†3] UGG Trp	U C A G
C	CUU Leu CUC Leu CUA Leu CUG Leu	CCU Pro CCC Pro CCA Pro CCG Pro	CAU His CAC His CAA Gln CAG Gln	CGU Arg CGC Arg CGA Arg CGG Arg	U C A G
A	AUU Ile AUC Ile AUA Ile AUG Met[†1]	ACU Thr ACC Thr ACA Thr ACG Thr	AAU Asn AAC Asn AAA Lys AAG Lys	AGU Ser AGC Ser AGA Arg AGG Arg	U C A G
G	GUU Val GUC Val GUA Val GUG Val[†2]	GCU Ala GCC Ala GCA Ala GCG Ala	GAU Asp GAC Asp GAA Glu GAG Glu	GGU Gly GGC Gly GGA Gly GGG Gly	U C A G

[†1] 開始コドンとしても用いられる．大腸菌ではホルミルメチオン．
[†2] 大腸菌では開始コドンとして用いられることがある．
[†3] ナンセンスコドンであり，終止コドンとして用いられる．

ぞれアミノ酸に対応しておりこれを"**コドン**"と称する．いくつかのアミノ酸は複数のコドンに対応していることがわかる．大腸菌では多くのタンパク質の最初のアミノ酸(**アミノ末端またはN末端**，N末ともいう)がメチオニン(アミノ基が修飾されたホルミルメチオニン)であり，タンパク質合成はAUG(**開始コドン**)から始まることが多い．まれにGUG(バリン)が開始コドンとして使用されることもある．そして，UAA, UAG, UGAには対応するアミノ酸がない．これらを"**終止コドン**"という．

このmRNA上のコドンに対応する塩基配列すなわち"**アンチコドン**"をもつのはtRNAである．すべてのtRNAの3′末端には-CCAの配列があり，それぞれのtRNAに選択的なアミノアシルtRNA合成酵素によりアデニル酸(A)部位に特定のアミノ酸が付加され**アミノアシルtRNA**となる(図3·12)．アミノ酸の種類によっては，複数のtRNAが対応することが知られており，コドンに対合するアンチコドンを有

3・9 翻訳: タンパク質の合成

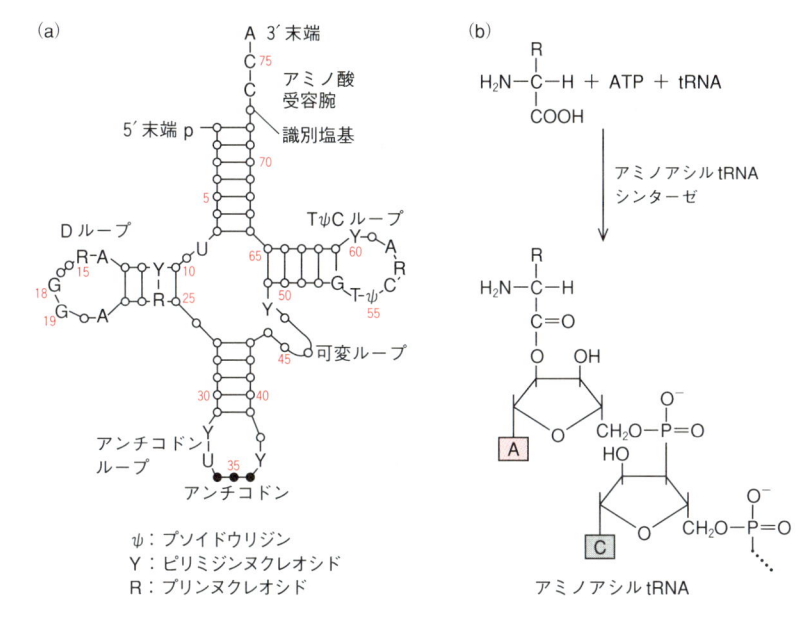

図 3・12 tRNA の構造 (a) とアミノアシル tRNA 合成 (b)

する tRNA がアミノ酸をリボソーム上のペプチド合成部分に運搬する役割を担っている．上述の終止コドンには対応するアンチコドンをもつ tRNA がないので，タンパク質合成が終結する合図となるのである．

開始因子と **GTP**（グアノシン 5′-三リン酸）の存在下で，30S リボソームサブユニットと結合した mRNA に提示されたコドンに対応する tRNA により運ばれたアミノ酸は，50S サブユニット上でペプチジルトランスフェラーゼにより次にきた tRNA と結合しているアミノ酸とペプチド結合により結合する．ついで，GTP と**伸長因子**の作用でアミノ酸と離れた tRNA は遊離し，つぎのアミノアシル tRNA が結合する．この一連の反応が終止コドンに到達するまで進行し ORF により指示されたタンパク質が完成するわけである（図 3・13）．

真核生物のタンパク質合成は，N 末端にホルミルメチオニンが使われない点と，mRNA 中に SD 配列に相当する配列が認められない点で特徴的であるが，それ以外は概略同様に進行する．

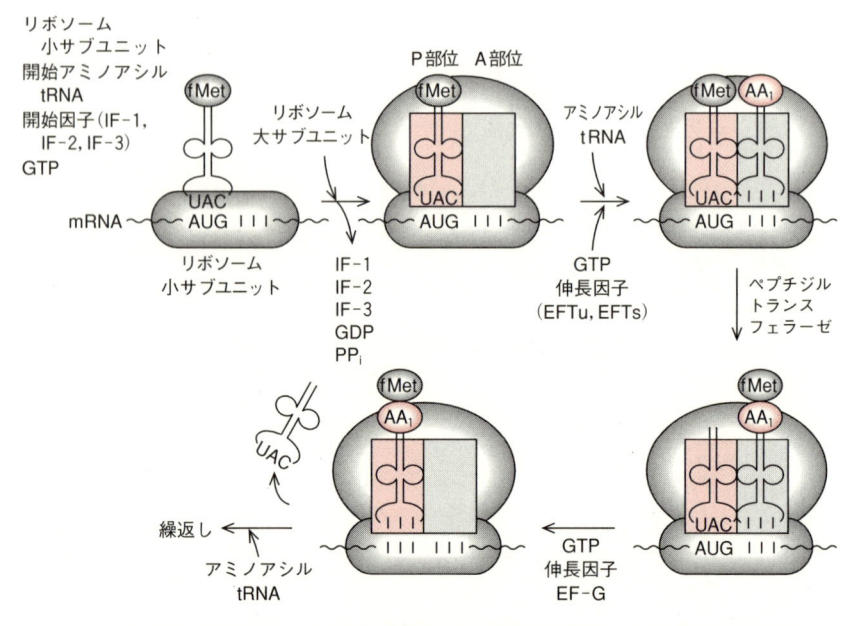

図 3・13 リボソーム上でのペプチド鎖合成反応機構. 大腸菌では，mRNA の SD 配列と 30S リボソーム中の 16S rRNA の 3′ 末端部分の相補性により 30S リボソームが結合し，最初のコドン AUG（メチオニンのコドン）の部位で対応する tRNA が結合する. この tRNA にはアミノ基がホルミル化されたメチオニン（fMet）が結合している. これらの反応には開始因子 IF-1, IF-2, IF-3 と GTP の存在が必要である. ついでリボソーム大サブユニットが結合する. 大サブユニットには P 部位（ペプチドのついた tRNA が結合する部位）と A 部位（アミノアシル tRNA が結合する部位）があるが，最初の fMet-tRNA は P 部位に結合することができる. A 部位に 2 番目のアミノアシル tRNA がコドンに従って結合するとペプチジルトランスフェラーゼの作用により fMet が 2 番目のアミノ酸とペプチド結合する. fMet のはずれた tRNA はリボソームから離れ，2 番目の tRNA は P 部位に移動する. この際 GTP と伸長因子 EF-G が関与する. 空いた A 部位には新たなアミノアシル tRNA が結合すると上と同じ機構でペプチド鎖の伸長が進行し終止コドンのところでタンパク質合成は終了する.

3・10 タンパク質の機能発現

細胞内で合成されるタンパク質は数十のアミノ酸から構成されるものから 1000 を超すアミノ酸から成るものまでバラエティーに富んでいる. これらのタンパク質のうち，代謝系や可溶性因子の成分として機能するものは細胞質中で合成されるが，細胞膜と相互作用したり，細胞膜中で機能するタンパク質，細胞外に分泌されるタンパク質などでは N 末端部分に疎水性アミノ酸に富んだ**シグナルペプチド**をもっ

ており，この部分を介して細胞膜中に入り込む．したがって，このようなタンパク質は膜に付着したリボソーム上で合成される．シグナルペプチドに導かれてその後に続くタンパク質部分も細胞膜中に入ったり，膜を貫通して細胞外〔グラム陰性菌では細胞膜と外膜との間**ペリプラズム**（図 2・4）にとどまるものもある〕に分泌される．シグナルペプチド部分は**シグナルペプチダーゼ**により切断され，分解される．

タンパク質によっては，分泌された後にさらにタンパク質分解酵素により特定の部位で切断され，活性をもった**成熟型**となるものもある．このようなものでは，細胞内で合成された直後のものを**プレプロタンパク質**，シグナルペプチドを欠いた部分を**プロタンパク質**とよぶことがあり，2 段階の反応を経て初めて活性型となる．図 6・6（p.153）にはその例が示されている．

真核生物のタンパク質では，特定の部位に糖鎖が付加されることにより活性の上昇や安定化が見られるものもあり，特に分泌性のタンパク質では珍しくない．この糖鎖付加は，小胞体や，ゴルジ体の内部で段階的に進行するが，真正細菌にはこの機構がないので糖鎖の付加していないタンパク質が合成される．

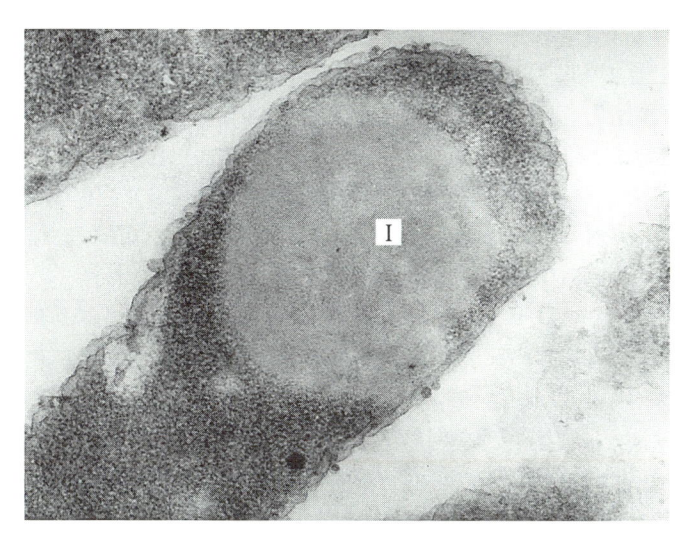

図 3・14　**細菌細胞内に形成された封入体．** チーズ製造に欠かせない仔ウシ第 4 胃から得られる凝乳酵素キモシンの前駆体であるプロキモシンの cDNA を大腸菌に導入した．大腸菌細胞内で生成したプロキモシンは封入体（I）として観察された（写真提供：日高真誠博士，西山　真博士）．

§3・15 で述べるように遺伝子組換え技術により，高等動物・植物由来のタンパク質を大腸菌などの細菌を用いてつくらせることができるようになったが，細胞内の条件が異なるためか，合成されたタンパク質が凝集し，不溶性の**封入体**（inclusion body，図3・14）となって本来の活性が見られないことも多い．このようなときは，この凝集体を取出し，水素結合を壊す試薬などにより可溶化し，さらにタンパク質が本来の立体構造をとるような条件を検討することにより活性を回復させる試みもなされている．

3・11 DNAの複製

これまで見てきたことから，DNAは塩基配列の形で遺伝子産物であり細胞内の代謝に関与する酵素や細胞を構成する成分となるタンパク質の合成と構造を指示する機能を担っていることが理解されたことと思う．これらにより細胞機能の発現は可能となるが，遺伝情報のもつもう一つの重要な機能は，次世代にその情報を間違いなく伝達することすなわち**複製**である．

DNAの複製の様式は**メセルソン**（M. Meselson）と**スタール**（F. Stahl）により実験的に明らかにされた．彼らは重い窒素の同位元素 ^{15}N を含む培地で数世代培養した大腸菌を，通常の ^{14}N を含む培地に移して1世代後に細胞から DNA を抽出した．さらに2世代培養後の細胞からも同様に DNA を抽出し，^{15}N で培養した細胞からの DNA とともに超遠心分離機にかけて比重を比較してみた．その結果，図3・15に示すように，1世代経過後の細胞からの DNA は $^{15}N/^{15}N$ と $^{14}N/^{14}N$ の中間の比重を示し，2世代後のものでは $^{15}N/^{14}N$ と $^{14}N/^{14}N$ の部分に分布した．このことから彼らは DNA の古い鎖は片方ずつ新たに合成された鎖（**娘鎖**）と対をつくっている，すなわち，**DNAは半保存的に複製する**と結論した．

ワトソンとクリックにより明らかにされたDNAの構造は，2本の鎖が片方が $5'\to3'$ 方向にあるとするともう一方の鎖は $3'\to5'$ の向きにあって互いに対合している二重らせんである．もし，両方の鎖が同時に複製されるとすると，二本鎖の解ける部分では互いに逆方向の複製が進行していなくてはならない．

1953年に**コーンバーグ**（A. Kornberg）は試験管内で DNA を複製する酵素 DNA ポリメラーゼを発見した．この酵素は以下のような特性を示した．

1) 鋳型として DNA を必要とする．
2) 基質としてデオキシヌクレオシド $5'$-三リン酸（dATP, dGTP, dCTP, TTP）を要求し，鋳型 DNA と相補的に重合する．

3・11 DNA の 複 製

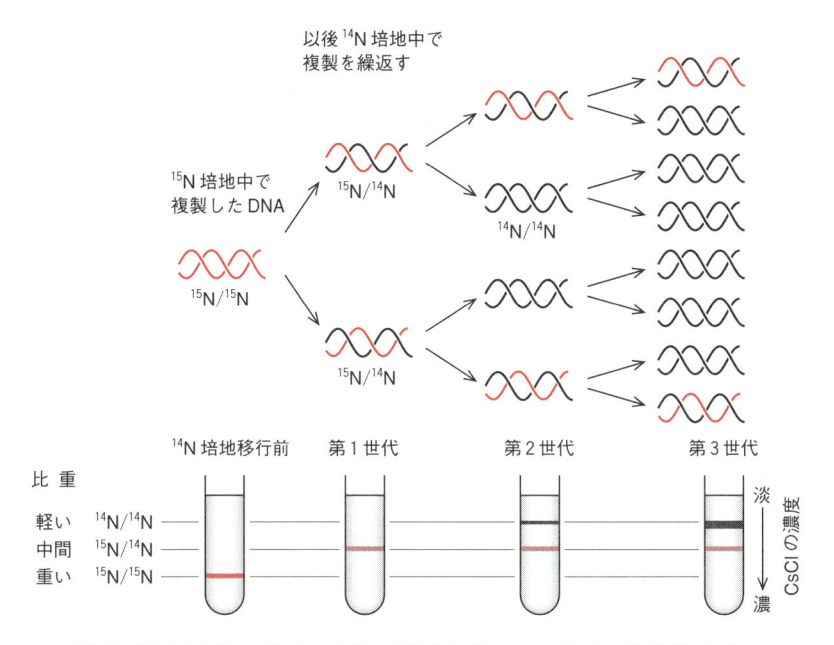

図 3・15 染色体の半保存的複製． 大腸菌を ^{15}N を含む培地で長期間培養すると DNA はすべて ^{15}N を含み比重が大きくなる．この細胞を ^{14}N を含む培地に移して 1〜3 世代経過後に DNA を抽出し塩化セシウム（CsCl）中で超遠心にかけて比重を測定したところ，1 世代目は中間の比重，2 世代目は軽いものと中間の比重のものが 1：1 に，3 世代目には 3：1 に分布した．

3) 鋳型となる一本鎖 DNA には短鎖の RNA または DNA が**プライマー**（基質のデオキシヌクレオチドがリン酸エステル結合するための足場となる 3′-OH を与える）として対合している必要がある．つまり，新たな開始反応はできない．
4) DNA 鎖の伸長方向は 5′→3′ のみである．

その後，この酵素を欠いた変異株が正常に生育することが明らかとなって，ほかの酵素が探された．その結果，二つの新たな酵素が発見され，最初の酵素からそれぞれ **DNA ポリメラーゼ I**，**II**，**III** と命名された．これらはいずれも上に述べた性質を共通にもっており，3′→5′ 方向へ伸長する酵素はいまだに得られていない．

細胞内で染色体 DNA の複製伸長に関与している主要な酵素は **DNA ポリメラーゼ III** で鋳型鎖が 3′→5′ 方向にあるものでは娘鎖は 5′→3′ 方向のプライマーから一続きに伸長する．この鎖を**リーディング鎖**とよぶ．それに対し，鋳型鎖が 5′→3′ のものでは **RNA プライマーゼ**により合成された短いプライマー RNA を足掛かりとし

てポリメラーゼⅢが 1000～3000 ヌクレオチド程度の DNA を 5′→3′ 方向に合成する．こうして合成された短鎖 DNA は発見者である岡崎令治の名をとって**岡崎断片**（Okazaki fragment）とよばれる．この断片の 3′ 末端が前の断片のプライマー部分に到達するとポリメラーゼⅠが **5′→3′ エキソヌクレアーゼ**（エキソは外側からの意味）活性によりプライマーを分解除去すると同時に DNA 鎖を伸長する．最後にこの DNA の 3′ 末端と前の岡崎断片の 5′ 末端とは **DNA リガーゼ**により連結される．この反応を繰返すことによりこの鎖の伸長も完成する．こちらの鎖は複製がやや遅れることから**ラギング鎖**とよばれる（図 3・16）．

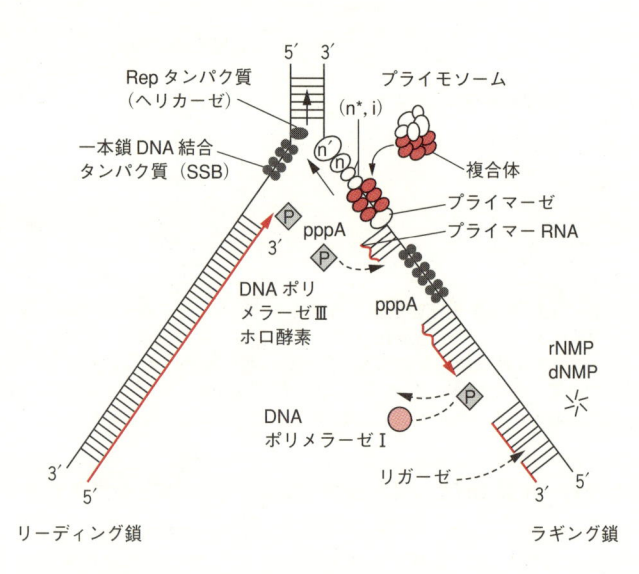

図 3・16　複製中の DNA 鎖伸長の模式図〔A. Kornberg *et al.*, *Cold Spring Harbor Symp. Quant. Biol.*, **47**, 693（1982）〕

　DNA の複製は正確でないといけない．たとえば DNA ポリメラーゼⅠが間違った塩基を重合させる頻度は 1/1000 とされるが，この酵素には 3′→5′ エキソヌクレアーゼ活性があって，間違った塩基が取込まれるとそれを除去し，その後にポリメラーゼ活性で正しい塩基を取込むことができる．このような機能を**校正能力**といいその結果 DNA の**読み間違い**は 100 万分の 1 程度に低下する．それでも，この読み間違いが塩基の変化を経てアミノ酸の変化として表現され**突然変異**の原因となることがある．

DNA ポリメラーゼ I を**ズブチリシン**というタンパク質分解酵素で処理すると DNA ポリメラーゼのもつ種々の活性のうち $5'\to 3'$ エキソヌクレアーゼ活性のみを欠いた断片〔**クレノウ**（Klenow）**断片**という〕が得られる．この酵素断片は**ポリメラーゼ連鎖反応**（**PCR**）による遺伝子増幅の際などに用いられる（第 6 章参照）．

なお，DNA ポリメラーゼ II の機能はよく理解されていないが，おそらく損傷を受けた DNA の修復過程に関与すると考えられている．

3・12 DNA 複製開始の制御

転写が開始反応の段階で調節されているように，染色体の複製も開始段階での制御が最も重要である．

複製開始の制御機構モデルは 1963 年に**ジャコブ**（F. Jacob）らにより提唱された（図 3・17）．彼らは一つの DNA 複製単位を**レプリコン**（replicon）と命名した．レプ

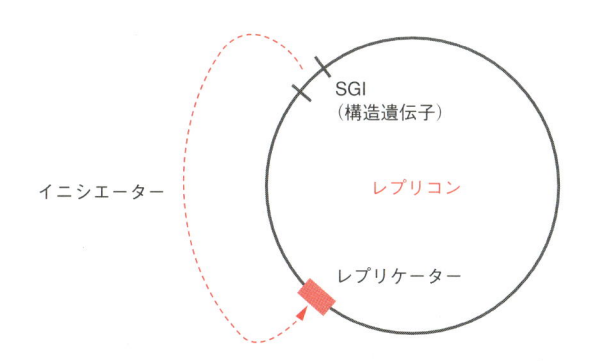

図 3・17 染色体複製開始の調節機構を予言したレプリコンモデル．
複製単位レプリコンには，構造遺伝子（SGI）により合成が指示される複製開始を調節する拡散因子イニシエーターがあり，イニシエーターは同一レプリコン内のレプリケーターに選択的に作用することによりそのレプリコンの複製を可能にする．

リコンには**構造遺伝子**（structural gene controlling the synthesis of specific initiator: **SGI**）により合成が指示される複製開始を調節する拡散性因子**イニシエーター**（initiator）があり，イニシエーターは同一レプリコン内の**レプリケーター**（replicator）に選択的に作用することによりそのレプリコンの複製を可能にする，というものである．

その後の解析により，**プラスミド**（細菌細胞内で，染色体とは物理的に独立して自律複製する寄生性の遺伝因子をいう）の複製開始の制御機構はこのモデルによく合致することが明らかにされた．細菌については大腸菌をはじめとする腸内細菌に関する解析が詳しいが，ほぼ同様の調節機構が他の真正細菌においても機能していると考えられる．

大腸菌の染色体は約 4700 キロ塩基対（kbp）から成る環状の 1 分子で，染色体複製におけるイニシエーターに相当するタンパク質は *dnaA* 遺伝子の産物である DnaA であり，レプリケーターに対応する染色体上の部位は複製開始の ***oriC***（origin of chromosome replication）領域である．

レプリコンはそれぞれ独立しており，たとえば細胞に感染したウイルスは宿主の染色体とは独立して複製する．細菌のウイルスであるファージにおいても同様で，

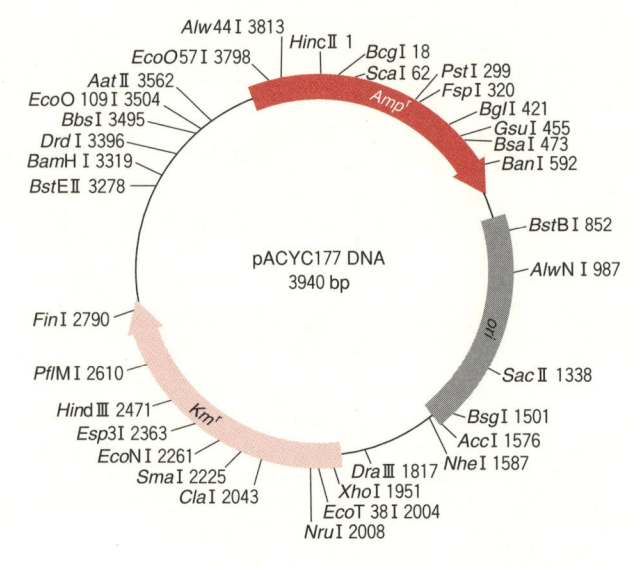

図 3・18 **遺伝子の運び屋として用いられるプラスミド**．ベクター（運び屋）として利用されるプラスミドは，宿主細胞内で自律複製するための複製開始に必要な領域（*ori*），プラスミドが導入された宿主を選択するための薬剤耐性（*Amp*^{r}, *Km*^{r}）などを示す領域，外来遺伝子を組込むための各種制限酵素で切断される部位などを含む．

さらにファージ粒子の形成に至る情報まではもたないが染色体外複製単位として機能するプラスミドもある．プラスミドは，後述の遺伝子組換え法による遺伝子の導入に際して遺伝子の運び屋**ベクター**（vector）として利用される．宿主内で自律複製する能力をもっているから，その DNA 内に抗生物質抵抗性を示す情報が組込まれているようなプラスミドを導入した細菌は抗生物質に耐性となるので簡単に見分けることができる．図 3・18 に典型的なベクタープラスミドの例を示す．

3・13　DNA の伝達
3・13・1　形質転換

§3・2 で示されたネズミの肺炎球菌に病原性を伝える分子は，S 型菌の加熱死滅細胞に含まれていた DNA であることが証明されたわけであるが，DNA は簡単に取込まれてその性質を新しい宿主中で発現することができるのだろうか．もしそれが可能なら種の独自性はたちまち消えてしまいそうにも思える．現実には DNA は同種の細菌間あるいは枯草菌と納豆菌のようにきわめて近縁の細菌間では比較的容易に授受が行われ，発現することが示されている．これを DNA による**形質転換**（図 3・19）といい，近縁細菌間の遺伝子の導入や増幅などの目的で工業的にも利用されている．また，微生物と高等動植物間でも進化が問題となるような長い時間

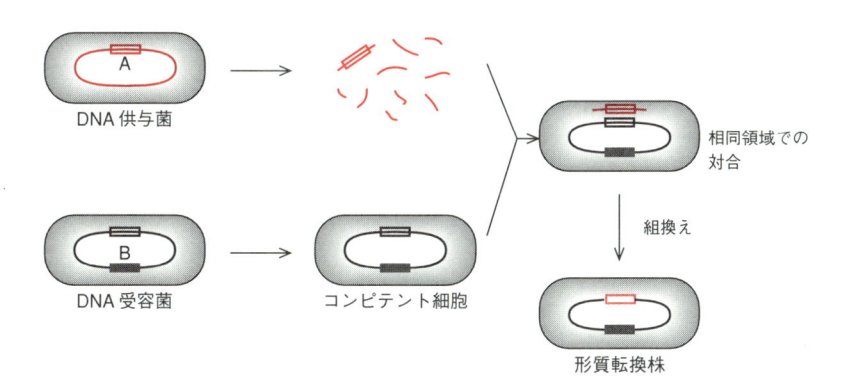

図 3・19　**DNA による形質転換**．好ましい変異 A をもつ菌を DNA 供与菌とし，もう一つの好ましい変異 B をもつ菌を DNA 受容菌とする．供与菌から調製した DNA をコンピテント（DNA を取込みやすくなった状態をいう）状態にした受容菌と混合すると DNA が取込まれ，染色体の相同領域で対合する．相同組換えにより供与菌 DNA が受容菌染色体中に組込まれると二つの好ましい変異 A，B を併せもった形質転換株が得られる．

で見ると遺伝子の移行が行われたと考えられるような塩基配列の特徴が認められている．

外来の DNA を取込みやすくなった細胞を"**コンピテント状態にある**"というが，通常の環境でそのような状態になる細胞はまれである．最近では，細胞に DNA を取込ませるのに**電気穿孔法**（electroporation）という技術を用いることが多い．DNA と細胞を含む緩衝液中に電極を置き，短時間通電することにより電極内にある細胞では瞬間的に細胞膜に小孔が開き，DNA が細胞内に移行するのである．この方法は，細菌から動・植物細胞に至る多くの細胞に有効である．

3・13・2 接　合

大腸菌のもつプラスミドの一つに **F**（fertility，生殖能力を示す）**因子**がある．F 因子をもつ株（F^+）には F 繊毛という繊毛があり，F 因子をもたない株（F^-）と遭遇するとこの繊毛を介して接合し，F^+菌から F^-菌への F 因子の移行が認められる．さらに，F 因子が染色体に組込まれた株（Hfr 株）では，F^-株に対して F 因子

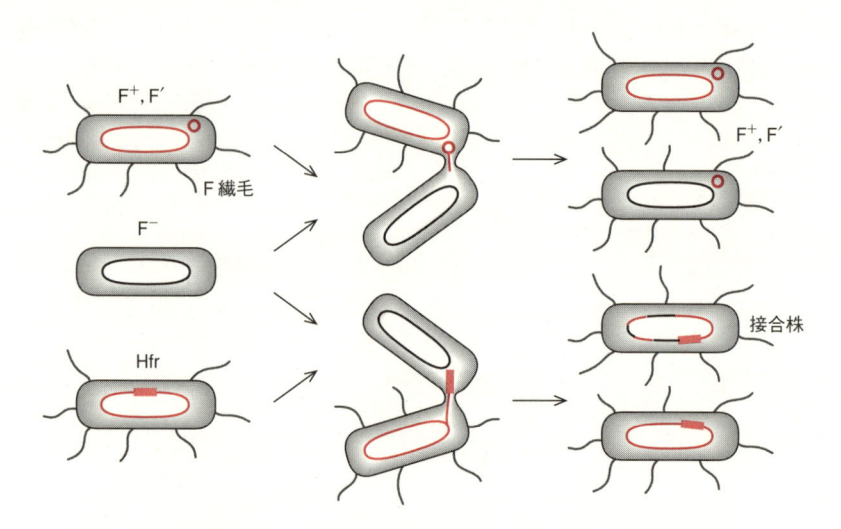

図 3・20　**F 因子を介した遺伝子の授受: 接合**．F 因子をもった大腸菌（F^+ 株）は F 繊毛により F 因子をもたない細胞（F^-）との間に接合橋をつくり F 因子二本鎖 DNA の一方が F^-株中に移行し複製される．F 因子の一部に染色体断片が含まれている（F' 株とよぶ）とその染色体部分も F^-菌中に移行する．また，F 因子が染色体に組込まれている株（Hfr 株とよぶ）では，F 因子部分の機能により，染色体そのものが F^-株中に移行し相同組換えにより既存の染色体と部分的に入替わる．

を介した染色体の移行を生じる（図3・20）．この現象は，遺伝解析や各種変異の授受に利用されている．

3・13・3 遺伝子導入

ファージを介した部分的な染色体の授受もある（図3・21）．大腸菌のλファージは染色体の特定の部位に組込まれることがあり，この現象を**溶原化**という．適当な刺激があるとファージは増殖を開始し宿主細胞を壊して飛び出してくるが，一部

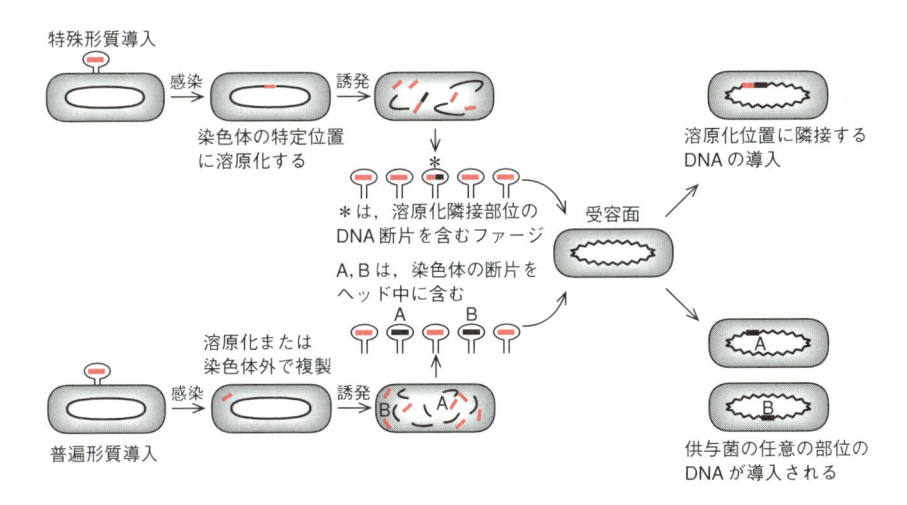

図 3・21　ファージを介した遺伝子の授受：遺伝子導入

のファージは溶原化部位近傍の宿主染色体の一部を含むものがあり，これが新たな宿主により利用されるのである．また，**P1ファージ**の例では，宿主中で増殖したファージは宿主染色体を分断し，その断片をファージの殻中に取込んだものが出現する．この粒子が感染すると新しい宿主に前の宿主の染色体DNAが移行することになる．

3・14 制限酵素

アルバー（W. Arber）らは，大腸菌に感染したファージが，その宿主抽出液によっては切断されないのに，宿主と異なる菌株由来の抽出液では容易に切断される現象

の解析からDNAを特定の塩基配列部位で切断する酵素の存在を認めた．宿主抽出液中にはほかの菌株由来のDNAを切断する酵素活性とともに，自己のDNAが切断されないように特定の塩基を"**修飾**"する活性が含まれていたのである．このように他からのDNAの侵入を"**制限**"することから，このDNA分解酵素を**制限酵素**（restriction enzyme），このシステムを**制限・修飾系**とよぶこともある．

制限酵素には，DNAの切断部位が一定でない**タイプⅠ酵素**と，特定の位置で切断する**タイプⅡ酵素**があるが，遺伝子組換えに用いられるのはタイプⅡのみである．

表 3・2 制限酵素とDNA認識塩基配列および切断部位

認識塩基対数	制限酵素名[†]	生産菌	認識配列と切断部位[††]
4	HaeⅢ	Haemophilus aegyptius	G G C C C C G G
	TaqⅠ	Thermus aquaticus YT-1	T C G A A G C T
	NdeⅡ	Neisseria denitrificans	G A T C C T A G
5	HinfⅠ	Haemophilus influenzae Rf	G A N T C C T N A G
6	EcoRⅠ	Escherichia coli RY13	G A A T T C C T T A A G
	NdeⅠ	Neisseria denitrificans	C A T A T G G T A T A C
	SmaⅠ	Serratia marcescens	C C C G G G G G G C C C
7	AxyⅠ	Acetobacter xylinus	C C T N A G G G G A N T C C
8	NotⅠ	Nocardia otitidis-caviarum	G C G G C C G C C G C C G G C G

† 制限酵素の命名法：生産菌の属名の最初の1文字と種名の最初の2字を用いる．
†† 矢印は切断部位．

タイプⅡ酵素は表3・2に示すように，二本鎖DNA中の2回転対称構造（認識される塩基配列を360°回転させると2回同じ構造をとる回文構造ともいう．つまり"タケヤガヤケタ"の類である）をもつ3〜8個の塩基配列を認識するものが多く知られている．認識配列中の離れた位置で切断し1本の鎖が突出した**粘着末端**（cohesive endまたはsticky end，**付着末端**）を形成するもの，認識配列の中央で切断し**平滑末端**（flush endまたはblunt end）を生じるもの（図3・22），認識配列から一定塩基離れた位置で切断するもの，が含まれる．

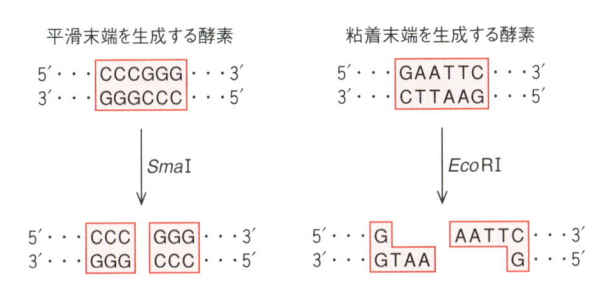

図3・22 制限酵素によるDNAの切断

これら酵素は，微生物をはじめとする多種類の生物細胞を対象として探索された結果，各種塩基配列に対応するものが数多く分離され市販されている．

制限酵素により切断されたDNA同士を共有結合で連結する酵素**リガーゼ**は，染色体複製の過程で岡崎断片を最終的に連結する酵素として存在が予言され，実際に大腸菌抽出液から精製された．さらに，T4ファージ感染菌から得られるファージ由来のリガーゼはより高活性であることが知られており，平滑末端同士の連結も効率よく進行させることができる．

3・15 遺伝子組換えによる遺伝子の導入と発現

制限酵素が得られると，各種細胞から得られた高分子のDNAを特定の塩基配列部位で切断することにより，一定の領域を含む断片を適当量調製することが可能となる．たとえば，GC含量が50％のDNAにおいては，4塩基認識の制限酵素が認識する配列がDNA中に現れる確率は$1/4^4 = 1/256$，6塩基認識では$1/4^6 = 1/4096$となり，通常の遺伝子を構成する領域はこの断片内に含まれることが多い．原核生物の遺伝子は構造領域がそのままアミノ酸配列に対応するから，適当なプロモーターの下流に接続し，ベクタープラスミド中に組込んだ後に宿主菌に導入すると，新し

い宿主中で当該遺伝子の産物であるタンパク質が合成される．

　真核生物の遺伝子は上述のように構造領域がエキソンとイントロンに分断されているから染色体 DNA をそのまま原核生物に導入しても本来のタンパク質は合成されない．それに対して**ポリ(A)**部分をもつ成熟した mRNA は完全な ORF をもつので，そのまま原核細胞のシステムでタンパク質に翻訳されうる．そこで，この mRNA のポリ(A) 部分に短鎖のオリゴ(dT)を対合させ，これをプライマーとして RNA ウイルス粒子から得た**逆転写酵素**（RNA を鋳型として DNA を合成する酵素，通常の転写と逆なのでこのようによぶ）により RNA と相補的な DNA 鎖を合成させる．ついで RNA 部分をアルカリなどで分解し，DNA ポリメラーゼ I により二本鎖の DNA とする．こうして得られた DNA は mRNA に**相補的**な塩基配列をもつので **cDNA**（complementary DNA）とよび（図 3・23），これを適当なベクターに組込んで大腸菌などに導入することにより，真核生物がつくるものと同じアミノ酸配列をもつタンパク質を合成させることができる．

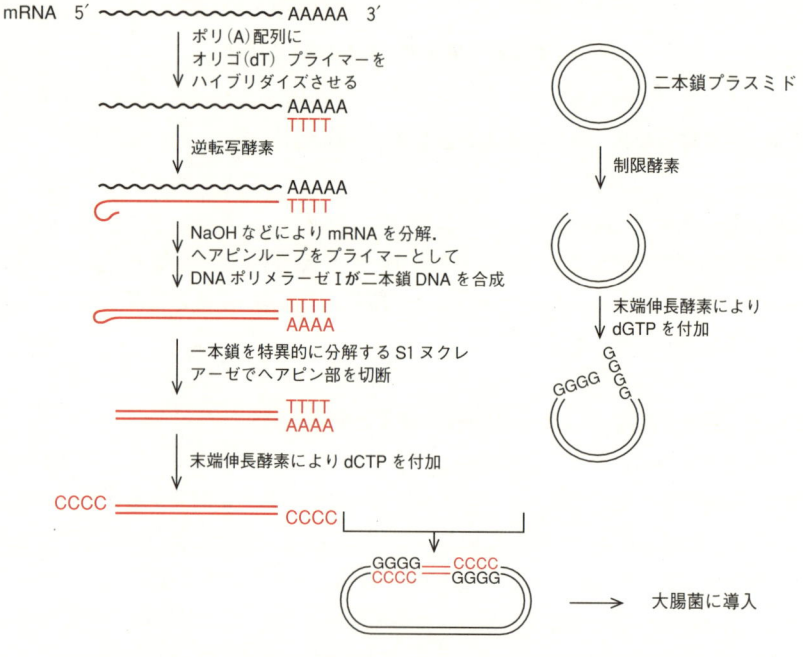

図 3・23　真核生物の成熟 mRNA を鋳型とする cDNA の調製とプラスミドへの組込み

═══ 解　　説 ═══

3・1　ホルモンや増殖因子の作用機構

　細菌でも，植物細胞でも周囲の環境に応じて特定の遺伝情報を発現させることにより最適の生育状況を実現するような機構が働いているが，動物細胞ではその仕組みが著しく発達している．その機構について解説しよう．

　動物個体を形成している細胞群は，それぞれ特有の機能を発現しているが，全体として調和のとれたものでなくてはならない．それを可能にしているのは細胞間の**情報伝達機能**である（図3・24）．情報となるものは細胞を取巻く環境をつくる細

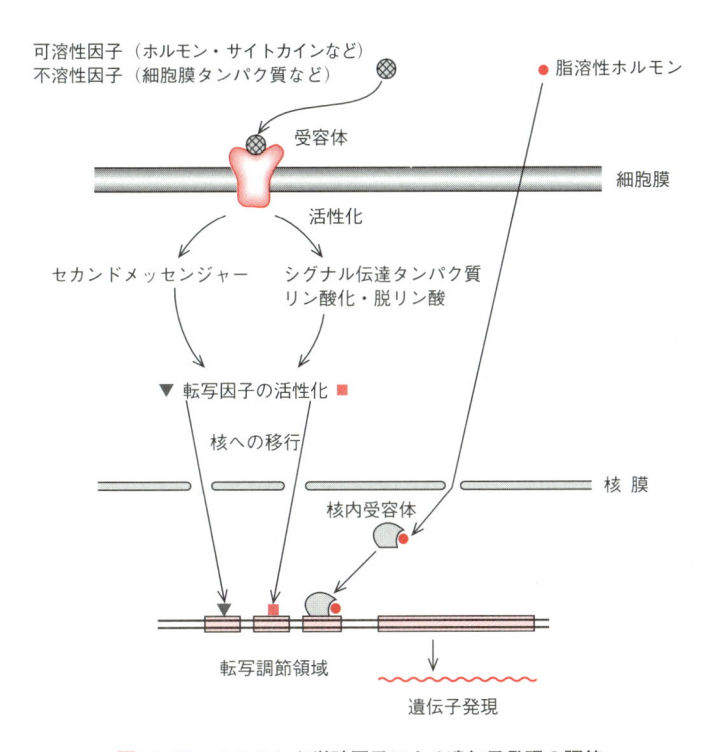

図 3・24　ホルモンや増殖因子による遺伝子発現の調節

胞間基質，細胞表面に位置する膜タンパク質などの**不溶性因子**と，ホルモン，サイトカイン，増殖因子などの**可溶性因子**である．前者では細胞間の接着あるいは細胞と基質の接触により情報の伝達がなされることからきわめて限られた範囲で素早い

情報の授受が行われる. 可溶性因子の場合は, 血液, 体液などを介して産生細胞から離れたところにある細胞にも到達し, また, 多くの細胞に効果をもたらすこともできる.

タンパク質性因子の場合は細胞表面に, 性ホルモンのような脂溶性因子の場合は核内に発現している**受容体**と結合する. 細胞表面の受容体は可溶性因子と結合すると細胞内領域の構造的な変化やリン酸化などの酵素活性を介して他のタンパク質にその情報を伝える. この情報はさらに他のタンパク質のリン酸化, 脱リン酸, カルシウムイオンやヌクレオチド関連物質などの**セカンドメッセンジャー**とよばれる低分子物質を介して最終的に特定の転写因子の活性化, 核内への移行を可能にする. また, 脂溶性因子と結合した核内受容体もそれ自身特定の遺伝子発現に関与する転写因子として機能するようになる. その結果特定の遺伝子の発現が調節されて, 対応するタンパク質合成の制御に至る.

タンパク質は種々の酵素活性, 構造体形成, 運動性などの細胞機能に関与しているから, その種類, 合成量の変化は細胞機能, 分裂増殖などの細胞が示すいろいろな特性の変化として現れる. また, 特定の細胞がこのような因子による活性化を受けると, 可溶性因子の放出あるいは周囲の細胞との直接的な相互作用により, 他の細胞の性状ひいては組織, 器官の機能にも大きな影響を及ぼすことになる.

3・2 RNAワールド

1981年にチェックはテトラヒメナのrRNAが長い前駆体から成熟体になる過程を研究している際に, タンパク質の関与なしにその反応が進行することを見いだした. この結果から, RNAはそれ自身で触媒活性をもつことが明らかにされRNA (ribonucleic acid) と酵素 (enzyme) とを組合わせた**リボザイム** (ribozyme) という用語がつくられた. その後, RNAには限られた条件下ではあるが自己複製能もあることが示されたこともあって, 生命の起原がRNAである可能性が指摘された.

§3・8に述べたように, 遺伝子産物であるタンパク質のアミノ酸配列を規定する真核生物の遺伝情報は, 遺伝子の構造領域に**エキソン**というタンパク質の一部のアミノ酸配列に相当する短い塩基配列部分として含まれている. 転写直後のmRNAはエキソンと隣接するアミノ酸に翻訳されない塩基配列である**イントロン**も含む形で合成され, ついでイントロン部分を切断除去する**スプライシング**という過程を経て成熟体となる. このスプライシングの過程には, **スプライソソーム**という, 短いRNA鎖といくつかのタンパク質から成る機能複合体が関与するが, そこにRNAのもつ酵素様活性とタンパク質の関与による反応の精度上昇と効率化獲得の過程が示

唆される.

　タンパク質は酵素で見られるように，複雑な反応を効率よく進行させるが自己複製能は認められない．このようなことから，原始地球環境では生成したタンパク質分子とRNA分子とが相互に作用し，RNAが情報分子として機能することにより複製能を獲得した生命体の原型が誕生したのではないか，そして反応性に富み不安定な情報分子としてのRNAの機能がより安定なDNAに移行することにより，セントラルドグマにより示されるような現在の生物が共有する機構が成立したのではないか，そして，RNAウイルスに見いだされるRNAを鋳型としてDNAを合成する逆転写酵素はその際に機能した酵素の名残ではないか，とする仮説が提唱されるようになった．生命の起原に関するこのような考え方を**RNAワールド仮説**ともいう．

4

生物におけるエネルギーの生成と消費

4・1 生物におけるエネルギーの流れと代謝の役割

　生命（細胞）の最も重要な機能は，自己を複製する能力（**遺伝**）に加えて，細胞内で物質を分解・合成する能力（**代謝**）である．細胞は，外界からエネルギーを獲得し供給しない限り，細胞内にそれらの細胞成分（タンパク質や核酸など），代謝低分子化合物，そして必須のイオン類などを維持することができず，崩壊（**細胞死**）へと向かってしまう．つまり，外界からのエネルギーを取込み，それを基に新たな細胞成分を合成し，複製・増殖することが細胞の維持には欠かせない．そのため，生物はいかに効率よく生育のためのエネルギーを獲得できるかが，各生物個体の増殖とともに種の保存にとって，最も重要な課題である．

　図4・1に示すように，細胞は外界から取込まれる化合物もしくは降り注ぐ太陽光よりエネルギーを獲得し，得られたエネルギーを利用して生体成分の合成・再生・複製を行うことで，細胞の増殖を行っている．この合成反応，つまり**同化反応**（anabolism）のために，栄養源の細胞内への取込みが必要である．化合物からエネルギーを獲得する生物では，取込んだ栄養源の分解，つまり**異化反応**（catabolism）によりエネルギーを獲得し，同時に生合成の前駆体を形成する．光エネルギーを使う生物も同様に栄養源を取込み，必要に応じて分解し，生合成の前駆体を形成する．このような栄養源の"取込み"，"分解"，"合成"とそれらの間をつなぐ"エネルギーの生成"と"エネルギーの消費"が生命の中心をなす"代謝"反応である．

　ほとんどすべての生物は，直接であるか間接であるかは別として，基本的には太陽光の放射エネルギーに依存して生育していることになる（図4・2）．光合成生物

4. 生物におけるエネルギーの生成と消費

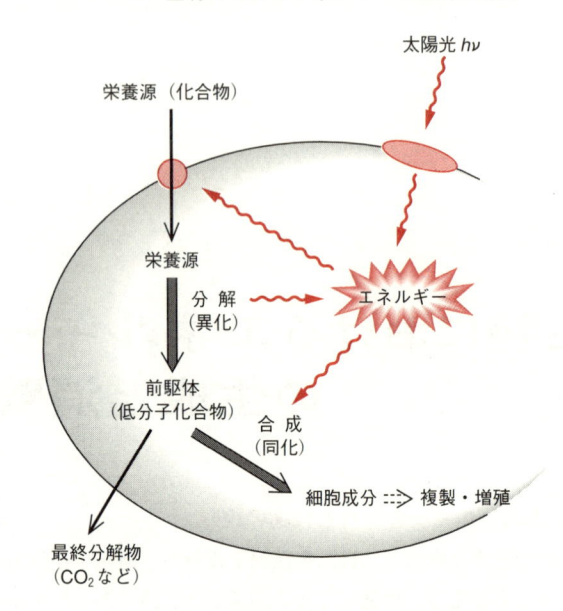

図 4・1 生物個体におけるエネルギーの流れ

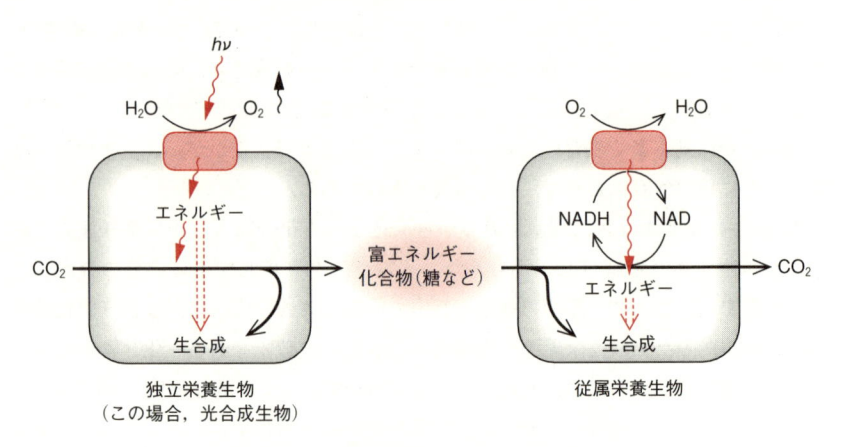

図 4・2 生物種間のエネルギーの流れ

は放射光エネルギーを利用して水を分解し，二酸化炭素から糖化合物を合成する．その結果として，ほとんどの光合成生物は酸素を大気中に放出する．非光合成生物はその光合成生物によってつくりだされたエネルギー豊富な最終生産物を酸化し

て，生育のエネルギーをつくりだしている．そのとき，好気性の非光合成生物はその際の酸化反応を大気中の酸素を利用して行い，水と二酸化炭素を放出する．このようにして，地球上での酸素と二酸化炭素のサイクルを完成させる．

これらの"代謝"反応のなかで，栄養源の"取込み"，"分解"，"合成"，そして**"エネルギーの消費"**反応は，基本的にはすべての生物で共通のメカニズムで行われており，"生命の統一性"の概念を反映している．それに対して，**"エネルギーの生成"**反応は生物の進化のプロセスと相まって"生命の多様性"の概念を反映して，さまざまなエネルギー獲得様式をもっている．生物はこのように"統一性"と"多様性"の二つの相反する性格をもっているといえる．そこで，この章で，"生命の多様性"を反映した"エネルギーの生成"の代謝（機構）についてみてみたい．"取込み"，"分解"，"合成"，そして"エネルギーの消費"については次章（第5章）でふれる．

4・2 生物におけるエネルギー生成のいくつかのかたち
4・2・1 エネルギー代謝の起源：従属栄養か独立栄養か

生物は生育のエネルギーや細胞成分の合成の材料を他の生物（光合成生物など）がつくった有機化合物に依存して（従属して）いるものと，光合成生物のように炭酸固定によってみずから有機化合物をつくり，それを使って生育することができるものとに分けることができる．前者を**従属栄養生物**（heterotroph），後者を**独立栄養生物**（autotroph）という．

地球上に最初に生まれた生物はどのようにして，生育のエネルギーを得ていたのであろうか．上述の定義からいえば，独立栄養生物が生まれ，そしてその生物によってつくられた有機化合物を利用する従属栄養生物が生まれたと考えるのが妥当だと思われる．しかし，ロシアの生化学者オパーリン（I. Oparin）が1922年に原始地球上では多量の有機化合物が非生物的につくられたとする"化学進化"説を提出し，初期の生物は従属栄養型の生物であり，化学進化によって蓄積された有機化合物を利用して"発酵"様の反応によってエネルギーをつくっていただろうという"従属栄養型"の"生命の起原"を提案した．この化学進化の考えは，その後，実験的証拠を得て，広く受け入れられるようになった（第1章参照）．しかし，その後の地球科学や宇宙科学の進歩は，原始地球のこの"有機化学"的進化に加えて，"無機化学"的進化も重要な役割を果たしたとする考えを支持するようになってきた．1988年にドイツのベヒターシャウザー（G. Wächtershäuser）は鉄鉱石の表面

での触媒反応が有機化合物の生成に関与するだけでなく，同時にそこに付着した生物が生育のエネルギーをその表面の無機化合物から得ているという"鉄‐硫黄"世界を提唱し，そこでは独立栄養型の生物が中心的であったという"独立栄養型"の"生命の起原"説を提案した．この説では，鉄鉱石表面で生じる水素と硫黄の間での電子の流れ（下式）を利用した"呼吸"様反応が生物のエネルギーをつくってい

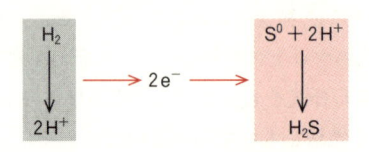

$$H_2 / 2H^+ \xrightarrow{2e^-} S^0 + 2H^+ / H_2S$$

る（図 4・4 参照，p.78）．実際に，古い生物の機能を保存していると考えられている"古細菌"に，同様な代謝様式が多く残されている．

4・2・2 発酵と呼吸の違い

この二つの考えの基になる生物のエネルギー獲得様式の違いは，**発酵**（fermentation）とよばれる代謝反応の過程で**アデノシン 5′‐三リン酸（ATP**：詳しくは次章 §5・2・2 参照）を合成するか，**呼吸**（respiration）とよばれる電子移動反応によってエネルギーを生成するかの違いである（図 4・3）．§5・2・3 で詳しくふれるように，発酵は**基質レベルのリン酸化**といって，基質（酵素で代謝される化合物）の化学反応の過程で，酵素によって直接 ATP が合成される過程である．このときは，まずある酵素反応によってリン酸化合物が生成される必要があり，図 4・3a では，酵素 a による AH_2 からの A〜Ⓟ の生成反応を示している．つぎに，そのリン酸化合物から別の酵素反応によって**アデノシン 5′‐二リン酸（ADP）**へ直接リン酸基が移されて ATP が合成される．図 4・3a では，酵素 c によって起こる反応である．この反応過程では，酵素 a の反応で生じた還元型の化合物（XH_2）が別の酵素反応（図 4・3a の酵素 b）によってもとの酸化型に戻される必要がある．

一方，"呼吸"反応によるエネルギーの生成は，§4・3・2 で詳しくふれるように，より還元型の化合物（AH_2）からより酸化型の化合物（B）への電子の細胞膜内での移動反応（図 4・3b では酵素 a から酵素 b への電子移動）が起こる．この反応の結果，細胞膜の外側に H^+ がたまり，それが細胞内へ流入するとき，電子移動反応にかかわった酵素（酵素 a および酵素 b）とはまったく別の "**ATP 合成酵素**" とよばれる酵素（酵素 c）によって H^+ の流れを利用して ATP の合成が行われる．つまり，発酵型の反応でいう基質と反応する酵素とは別の酵素反応によって，間接的

にATPが合成されることになる．上述した"鉄‐硫黄"世界でのエネルギー生成反応では，還元型化合物が水素（H_2）であり，酸化型化合物が硫黄（S^0）である．

(a) "発酵型"

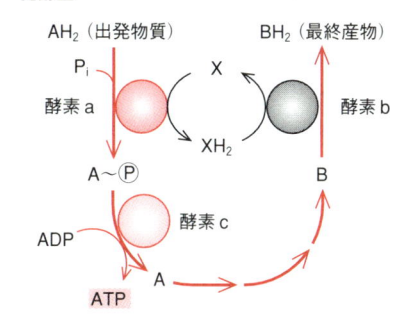

(b) "呼吸型"

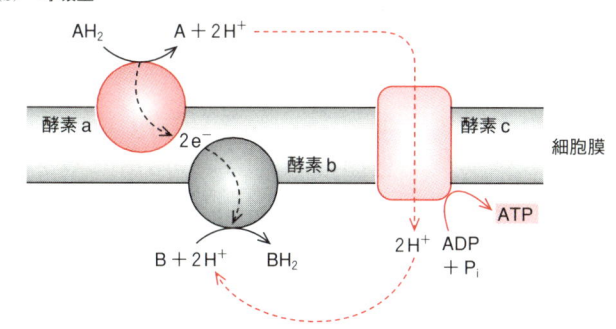

図 4・3　発酵と呼吸による ATP 合成の違い

酵素 a の反応（$H_2 \longrightarrow 2H^+$）と酵素 b の反応（$S^0 + 2H^+ \longrightarrow H_2S$）が細胞内外で起こり，その酵素間で電子が流れることになる．

　生物の進化の過程では，後者の"呼吸型"の電子移動反応はさまざまなスタイルに変化して多様なかたちがつくられるのに対して，"発酵型"は大きな変化もなく，動物などの高等生物にもひき継がれている．

4・2・3　酸素を必要としない生物（発酵と嫌気呼吸）

　生命が誕生したころの原始の地球上には酸素は存在せず，そのため酸素を必要とする動物のような呼吸をする生物は存在しなかった．それゆえ，初期の生物はすべて酸素を必要としない嫌気性の生物であり，前項で述べた"発酵型"の従属栄養生

物か"呼吸型"(といっても実際は酸素による呼吸ではない)の独立栄養生物であったと考えられる.

この二つのタイプの生物は,現在の地球上にも保存されている.たとえば,"発酵型"の生物としては,乳酸菌やクロストリジウム (*Clostridium*) 菌のような細菌を中心にした微生物にみられる.この"発酵型"の反応については第5章でふれる.一方,嫌気性の"呼吸型"独立栄養生物は,古細菌を中心に微生物全般にみられ,これらの生物種の"呼吸"は通常の呼吸(酸素呼吸)と区別して**嫌気呼吸**とよばれる.

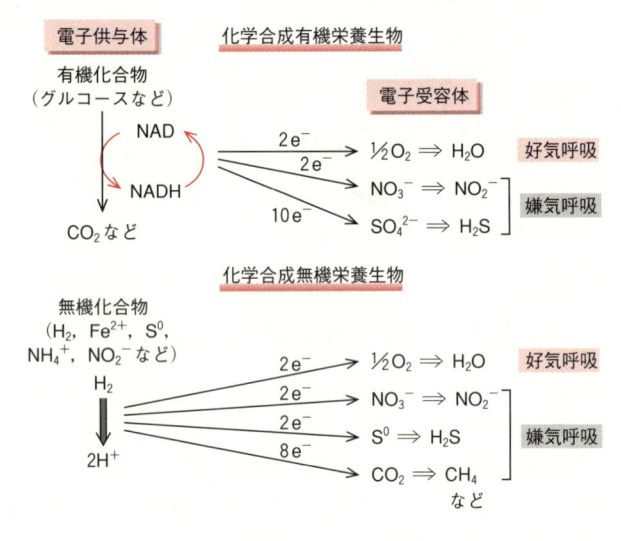

図4・3の"呼吸型"の反応における酵素bが電子を渡す化合物(図ではBに相当する)は我々のような動物では酸素であり,これを普通に**呼吸**という.厳密な意味では,この酸素を使う呼吸は,**酸素呼吸**もしくは**好気呼吸**といって,嫌気呼吸と区別される.嫌気呼吸では,この電子を受取る化合物が酸素以外の化合物であり,図4・4に示すように,硝酸 (NO_3^-),硫酸 (SO_4^{2-}),硫黄 (S^0),3価の鉄 (Fe^{3+})

```
電子供与体              化学合成有機栄養生物
有機化合物                              電子受容体
(グルコースなど)
       NAD         2e⁻      ½O₂ ⇒ H₂O    好気呼吸
                   2e⁻
       NADH                 NO₃⁻ ⇒ NO₂⁻
                                          嫌気呼吸
   CO₂など          10e⁻     SO₄²⁻ ⇒ H₂S

                      化学合成無機栄養生物
無機化合物
(H₂, Fe²⁺, S⁰,
 NH₄⁺, NO₂⁻など)
    H₂             2e⁻      ½O₂ ⇒ H₂O    好気呼吸
    ↓              2e⁻      NO₃⁻ ⇒ NO₂⁻
                   2e⁻      S⁰ ⇒ H₂S     嫌気呼吸
    2H⁺            8e⁻      CO₂ ⇒ CH₄
                                         など
```

図 4・4　**有機化合物と無機化合物による好気呼吸と嫌気呼吸**

などで,メタン生成菌のように二酸化炭素(CO_2)を電子受容体としてメタンを生成する場合も含まれる.これらの嫌気呼吸は,我々の周りの空気存在下で生育している生物にはまれである.しかし,地球環境全体を考えるとき,嫌気呼吸を行う微生物群が地球上の物質循環に非常に重要な役割を果たしている(➡ コラム 4・1).

4・2・4 無機化合物を利用する生物

上述したように，呼吸反応における電子の移動においては，酸素も含め無機化合物がその電子の受け皿（電子受容体）として利用されるのが普通であり，有機化合物（フマル酸など）を利用するものは例外的である．それに対して，"呼吸"鎖に電子を与える化合物（電子供与体）は，図4・4にみられるように，通常は有機化合物であり，その有機化合物の分解に際して生じる還元エネルギー（➡ 解説4・1参照）は，ほとんどの場合，**ニコチンアミドアデニンジヌクレオチド**（**NAD**：第5章§5・2・2参照）を介して呼吸鎖に流される．動物をはじめ大腸菌のような細菌の多くも有機化合物を利用する呼吸を行っている．このような有機化合物を利用する生物を**化学合成有機栄養生物**（chemoorganotroph）とよぶ．ところが，初期の地球上の生物は，"鉄‐硫黄"世界の生物のように無機化合物からエネルギーを得る独立栄養生物が主流であったと思われている．それは，現存する古細菌のなかに，この種の嫌気性の独立栄養生物が多く残されているからである．これらの古細菌では，**呼吸鎖**に電子を与えるおもな化合物が，水素であり，電子受容体が硫黄，硝酸，硫酸，3価の鉄（Fe^{3+}）である．これらのなかに，水素を電子供与体とし，二酸化炭素を電子受容体とする生物群がいて，これが上述した**メタン生成菌**である．

このような無機化合物からエネルギーを得る生物は，古細菌だけでなく，好気性の細菌にも多く存在している．鉄細菌は2価の鉄（Fe^{2+}）から，硫黄細菌は硫黄（S^0）から，アンモニア酸化細菌はアンモニアから，亜硝酸酸化細菌は亜硝酸からそれぞれ電子を受取り，酸素へ流す好気呼吸をしている．これらの好気呼吸をする生物も，嫌気呼吸をする生物も，無機化合物からエネルギーを得る生物すべてを，**化学合成無機栄養生物**（chemolithotroph）とよび，化学合成有機栄養生物と区別している．

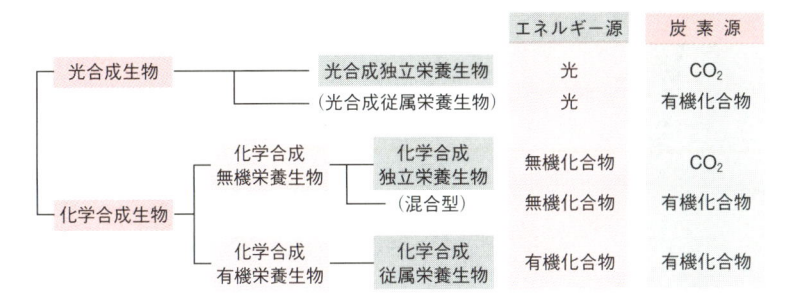

			エネルギー源	炭素源
光合成生物		光合成独立栄養生物	光	CO_2
		（光合成従属栄養生物）	光	有機化合物
化学合成生物	化学合成無機栄養生物	化学合成独立栄養生物	無機化合物	CO_2
		（混合型）	無機化合物	有機化合物
	化学合成有機栄養生物	化学合成従属栄養生物	有機化合物	有機化合物

図4・5 すべての生物種の栄養生理学的分類

これらの生物の頭に"化学合成"とつけるのは，光エネルギーを利用する"光合成"と区別するためである．

それゆえ，図4・5に示すように，すべての生物は，**光合成生物**（phototroph）と

コラム4・1　**注目を集める嫌気呼吸と環境浄化**

　地球上には，我々の見えないところで，非常に多様な嫌気性の微生物が生育している．それらは，地球上の**物質循環**にはなくてはならない生物群である．§4・2・3で述べたように，嫌気性微生物には発酵型のものと嫌気呼吸型のものが存在するが，これらは共同して，物質循環に関与している．図に示すように，酸素の届かない水底の汚泥に蓄積した動物の死骸や植物の枯死体は，この嫌気的な環境に生育するクロストリジウム菌のような発酵性微生物によって分解され，低分子の有機酸（乳酸，酢酸，酪酸など）や CO_2 や H_2 のようなガスに変換される．これらの分解物のうち，有機酸や水素ガスは，嫌気呼吸の格好の基質（電子供与体）であり，**嫌気呼**

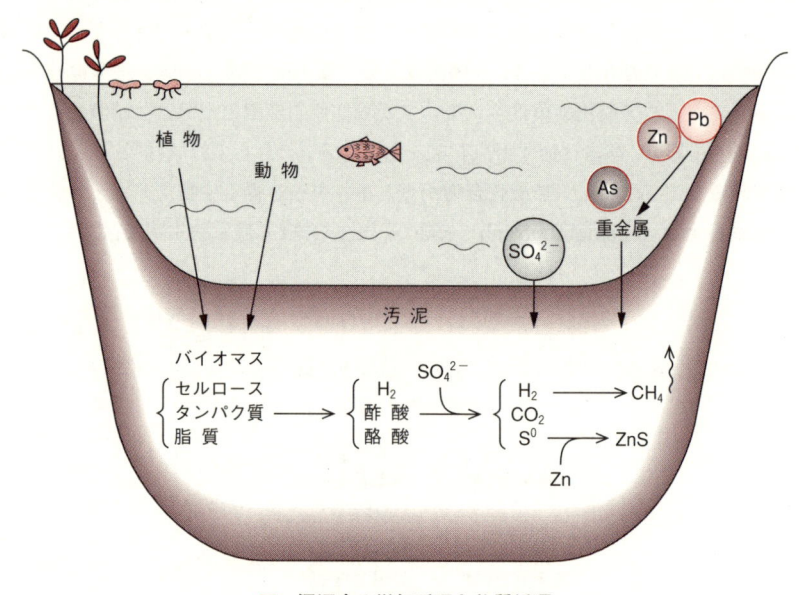

図　汚泥中の嫌気呼吸と物質循環

化学合成生物（chemotroph）に大きく分けられ，化学合成生物はさらに化学合成無機栄養生物と化学合成有機栄養生物とに分けられる．この化学合成有機栄養生物は，他の生物がつくった有機化合物に依存して生育しているので，すべて従属栄養

吸を行う微生物群によって利用される．これらの嫌気呼吸微生物のなかで最も広範に存在しているのが**硫酸還元菌**である．これらは生命発生期に近い34億年前には存在していたことが知られていて，現在も古細菌やいくつかの細菌の中に残っている．これらの硫酸還元菌は上記の基質から硫酸への電子伝達を行うことで生育のエネルギーを得ている．その結果，硫酸は亜硫酸を経て硫黄，硫化水素へと還元されるが，同時に基質有機物を完全に二酸化炭素へと分解することで環境の無機化に貢献している．このことは，硫酸還元菌が発酵性嫌気細菌とともに汚泥中の有機物の除去によって**環境浄化**に寄与することを示している．最近，これらの硫酸還元菌による硫酸還元は単に最終的に硫化水素へと変換するだけではなく，生じる硫黄が汚泥中に溶けているさまざまな金属と反応して，その**鉱物化**をひき起こすことが示された〔M. Labrenz et al., Science, **290**, 1744 (2000)〕．つまり，溶け出ている有害な重金属である亜鉛と反応して硫化亜鉛（ZnS）の沈殿を生じることである．この発見は，亜鉛だけでなく，鉛やヒ素などのより有害な重金属も PbS や As_2S_3 などのかたちで鉱物化することで**微生物除去**（バイオレメディエーション，bioremediation）に利用できる可能性を示している．

　硫酸還元菌とは別に，ある種の嫌気呼吸を行う細菌が，鉄に加えて，マンガン（Mn^{4+}）やセレン（SeO_4^{2-}），さらには金（Au^{3+}）やウラン（U^{6+}）を直接の電子受容体として還元できることが知られている．これらの細菌は，これらの可溶性金属を Mn^{2+} や Se^0 として除去するとともに，金の精錬（Au）や汚染ウランの除去（$U(OH)_4$）にも利用できることを示唆している．

　このようなバイオ鉱物化に加えて，最近，テトラクロロベンゼンやダイオキシンのような有害な高塩素化ベンゼン化合物の還元による**脱塩素反応**や，亜硝酸還元反応によるアンモニアの**脱窒反応**（$NH_4^+ + NO_2^- \longrightarrow N_2 + 2H_2O$）などの嫌気呼吸を行う細菌もみつかってきており，環境浄化における嫌気呼吸の重要性がますます認められるようになってきた．

　一方で，嫌気呼吸のもう一つの顔である**メタン生成菌**は，上述したように嫌気汚泥中に生じる多量の二酸化炭素をメタンに変換する**嫌気呼吸**（$CO_2 + 4H_2 \longrightarrow CH_4 + 2H_2O$）を行っており，こちらは単に環境浄化にとどまらず，廃棄有機物から嫌気発酵と嫌気呼吸によって積極的にメタンを発生させて，そのメタンを燃焼させるという**発電**に実際に応用されている．

4. 生物におけるエネルギーの生成と消費

生物に属することになるが,光合成生物と化学合成無機栄養生物はそのほとんどが,炭酸固定によってみずから有機化合物をつくるので,独立栄養生物に属することになる.しかし,一部にはエネルギー源として光や無機化合物を利用するが,細胞成分の合成のための炭素源として有機化合物を利用するものも存在している(図4・5).

4・2・5 光エネルギーを利用する生物(光合成と酸素の発生)

上述したように,地球上の初期の生物が行っていたと考えられる嫌気呼吸は,細胞膜上の**電子伝達反応**(electron transport reaction)に基づいている(図4・3).この電子伝達反応を行うために,初期生物は"**鉄-硫黄**"**化合物**(図4・6a)に加えて,

(a) 鉄-硫黄化合物

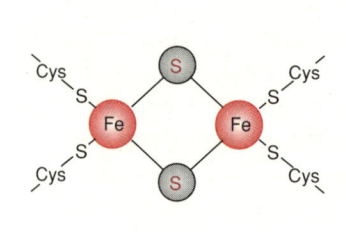

[2Fe-2S]型　　　　[4Fe-4S]型

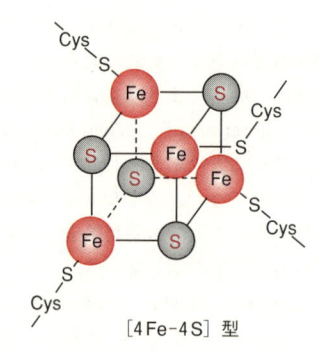

(b) ポルフィリン化合物

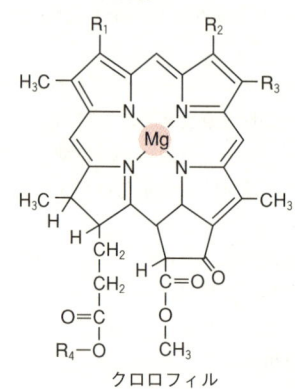

クロロフィル　　　　ヘム(ヘムb)

図 4・6　"電子伝達反応"に利用される"鉄-硫黄"化合物とポルフィリン化合物

4・2 生物におけるエネルギー生成のいくつかのかたち　　83

電子伝達成分として**ポルフィリン化合物**（図 4・6b）を生みだし，ポルフィリンを利用した**ヘム**（heme），そしてそのヘムを含むタンパク質，**シトクロム**（cytochrome，チトクロムともよばれる）を生みだした．嫌気呼吸に続いて生まれたと考えられる

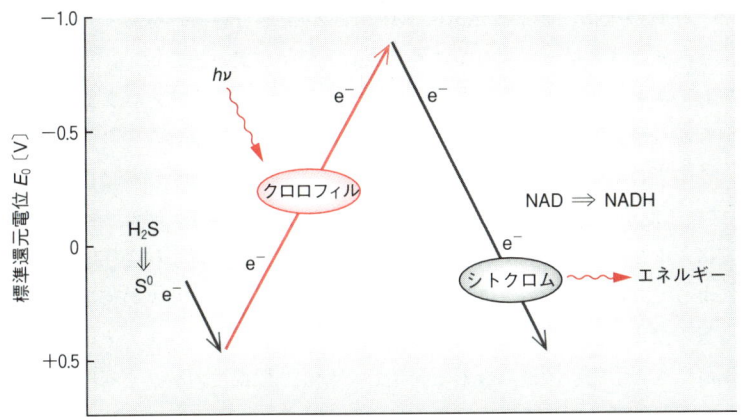

(a) 初期光合成生物の電子の流れ

(b) シアノバクテリアの電子の流れ

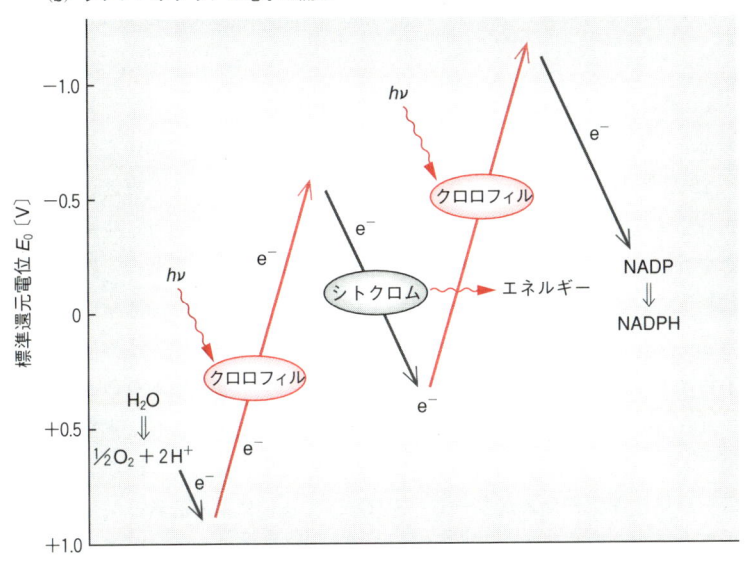

図 4・7　光合成生物の電子移動におけるクロロフィルの役割

光エネルギーを利用する光合成生物は,同じポルフィリン化合物による**クロロフィル**(chlorophyll)を利用している.図4・6bに示すように,ヘムとクロロフィルの違いは,本質的にはポルフィリンの中心に配位して電子の受渡しに関与する金属がFeからMgに変化しただけである.このクロロフィルはさまざまに変化しながら進化する.初期の光合成生物は,このクロロフィルをもつタンパク質複合体によって,嫌気呼吸の産物である硫化水素(H_2S),2価鉄(Fe^{2+}),硫黄(S^0)から電子を引抜き,光エネルギーによって活性化される電子移動反応を行い,その結果として,生育のエネルギーを得ていた(図4・7a).その後,**シアノバクテリア**(形状の類似性から**ラン藻**ともよばれるが,藻類ではない)とよばれる光合成細菌が生まれた.この光合成微生物は,エネルギー的に非常に安定なしかし多量に存在する水(H_2O)から電子を引抜く能力を獲得した.それは,二つのクロロフィル含有タンパク質による2段階の光エネルギーによって活性化される電子移動反応を獲得することによって,可能になったと思われる.このシアノバクテリアの大量発生は地球上に多量の酸素を放出させることとなった(図4・7b).このシアノバクテリアの発生以前にも化学的に微量の酸素が発生しており,低濃度の酸素を利用する生物が存在したと最近考えられるようになっているが,このシアノバクテリアの出現が大量の酸素をもたらし地球環境を一変させることとなったことは間違いないと考えられる.

4・2・6 酸素がもたらしたエネルギー革命(好気呼吸)

酸素を発生する光合成生物の誕生によって地球上に大量に酸素が増加してくるのは25〜20億年前くらいからであるが,それに伴って,これまで嫌気呼吸をしていた生物のなかに酸素の利用ができるものが現れた.嫌気呼吸を行う生物は,電子伝達反応を行っているため,酸素の存在は非常に危険である.それは,嫌気呼吸中の電子移動反応が酸素に対して1電子移動を起こし,生物にとって非常に有害な**活性酸素**の発生をひき起こすからである.そのため,酸素を利用する生物は安全に酸素へ電子移動する反応系を確立しなければならない.それが,**シトクロムオキシダーゼ**とよばれる酵素であり,呼吸鎖の末端で酸素へ4電子を渡して,水をつくる酵素の登場である(図4・8).また,これらの好気性の生物は生じる活性酸素を消去できる**スーパーオキシドジスムターゼ(SOD)**,さらにはこの酵素の働きで生じる過酸化水素を分解する**カタラーゼ**も獲得しなければならなかった(図4・8).

しかし,いったん酸素を安全に利用できるようになると,その効果は重大なもの

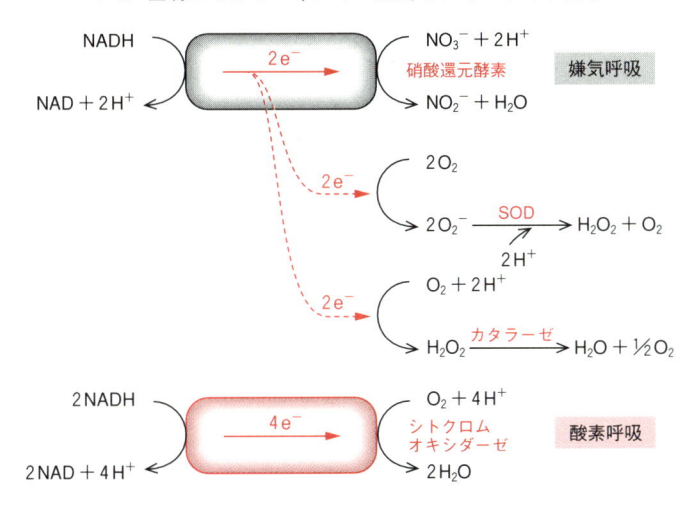

4・2 生物におけるエネルギー生成のいくつかのかたち

図 4・8 SOD (スーパーオキシドジスムターゼ), カタラーゼ, そしてシトクロムオキシダーゼによる酸素との反応

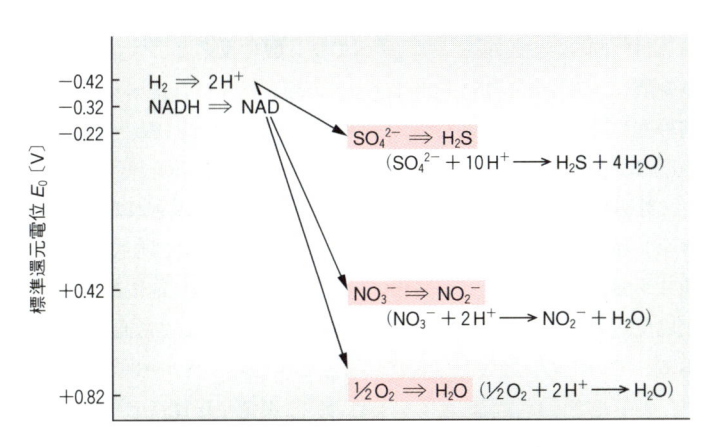

図 4・9 嫌気呼吸と好気呼吸の還元電位の違い

であった. それは, 図4・9に示されるように, 嫌気呼吸の電子受容体に比べて, 酸素は格段にその**還元電位** (reduction potential) (→ 解説4・1参照) が酸化にシフトしており, 電子供与体との酸化還元電位に大きな落差を生むことが可能となる. この大きな落差は大きなエネルギーを生むことを可能にする. 同時に, この大きな

還元電位の落差の中で電子移動を行うため，電子移動を行う系がより複雑で，高度な呼吸鎖が生まれることとなった．好気性細菌に生まれたこの高度な呼吸鎖は，細胞内共生を経て，動物などの高等生物のミトコンドリアとよばれる細胞器官に保存されるようになったと考えられている．次章（§5・2・4）で述べるように，このミトコンドリアの好気呼吸鎖は1分子のNADHの酸化によって3分子のATPをつくる能力を有している．これは，嫌気呼吸による1分子のNADHの酸化がおおよそ1分子のATPしかつくれないのと対照的で，酸素は生物にエネルギー革命をひき起こしたのである．そのことが，地球上に多様な真核生物が爆発的に広がることを可能にしたと考えられている．

4・3 生物エネルギーはどのようにしてつくられるか
4・3・1 生物のエネルギーは"水素エンジン"

生物エネルギーの獲得は，図4・3で示したように，発酵による"基質レベルのリン酸化"か呼吸による"酸化的リン酸化"による．さらに，光合成による"光リン酸化"も存在する．いずれも，究極的にはADPにリン酸基を移す"リン酸化"反応によるATP合成反応であるため，すべてリン酸化反応とよばれている．**基質レベルのリン酸化**（substrate-level phosphorylation）はすでに述べたように，基質の化学反応の過程で，直接ATPが合成されるため，こうよばれる．一方，**酸化的リン酸化**（oxidative phosphorylation）もしくは**光リン酸化**（photophosphorylation）は，それぞれ"呼吸による酸化反応"もしくは"光によって誘起される反応"によって生じるエネルギーを介してATPが合成されるため，こうよばれている．この後者の酸化的リン酸化もしくは光リン酸化は，ともに電子伝達反応に基礎をおいたエネルギー生成反応であり，**ATP合成酵素**（ATP synthase）による間接的なATP合成反応である．そのため，電子伝達反応によって生じるエネルギーがATPへと移されるので，エネルギー変換反応ともいわれる．この電子伝達反応によって生じるエネルギーが**プロトン駆動力**（proton-motive force）とよばれているものであり，その力がATP合成酵素をして，ATP合成を行わせるのである．後述するように，プロトン駆動力はATP合成だけでなく，基質やイオンの能動輸送，べん毛の運動などをもひき起こす力をもっている（§4・3・3，§4・4，§5・3・1参照）．

このプロトン駆動力はミッチェル（P. Mitchell）によって提唱され，長い論争の後に確立された概念である（➡ コラム4・2参照）．この説はコンパートメントの概念（膜で仕切られた二つの反応場の存在）を必要とするところに特徴がある．そ

の考えを,図4・10で簡単にみてみよう.より還元型の化合物(AH$_2$)とより酸化型の化合物(B)の酸化還元反応に基づく電子伝達反応が一つのコンパートメントで起これば,反応生成物はAとBH$_2$となる(図4・10a).ところが,この同じ反応が細胞膜を介して起こると考えると,図4・10bに示すように,膜の左のコンパートメントでは,AH$_2$からAと2H$^+$が生じ,右のコンパートメントでは,Bと2H$^+$からBH$_2$が生じることとなる.結果的に,左と右のコンパートメント間で,細胞膜を横切るプロトン(H$^+$)の濃度勾配ができることとなる.左がより酸性で,右がよりアルカリ性となる.このとき,同時に,左から右に向けて電子が移動することになる.細胞膜はリン脂質でできており,その内部は脂肪酸のアシル基(炭化水

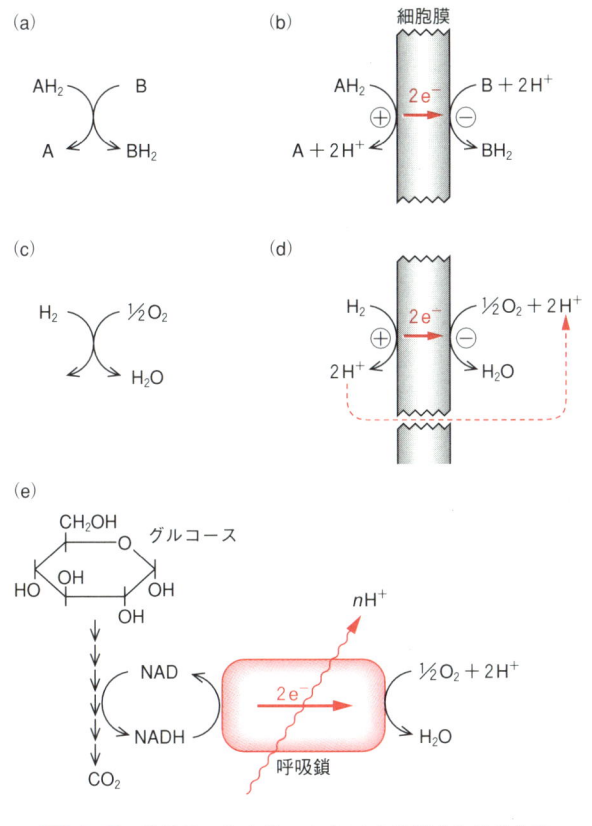

図4・10 生物のエネルギー"プロトン駆動力"の考え方

素基）から成る疎水性（脂溶性）空間であり，不伝導体である．そのため，不伝導体膜の内部を電子が移動すれば，おのずと電位差ができる．つまり，左のコンパートメントが正（＋）で右が負（－）になる．このようにして，膜の左側と右側との間で生じたプロトン（H^+）の勾配と電位の違いがプロトン駆動力の実体というこ

コラム 4・2　ミッチェルとプロトン駆動力

プロトン駆動力の概念は，ミッチェル（Peter Mitchell，英）が1961年に提唱した**化学浸透圧説**によって初めて説明されたものである．しかし，この説が世に認められるようになったのは，1970年代の後半であり，長い論争の歴史がある．生物がどのようにしてATPをつくるのかという問いに対して，スレーター（E. C. Slater，オランダ）が**化学共役説**を1953年に提唱していた．このモデルでは，基質の酸化に伴って**高エネルギー化学中間体**（X〜I）が生じ，この物質のエネルギーが**リン酸化中間体**（X〜P）に移され，この中間体からATPが合成される（X〜P＋ADP ⟶ X＋ATP）というものである．このモデルが当時最も支持を集めていた．これに対して，ミッチェルの"化学浸透圧説"はなかなか当時の生化学者に理解さ

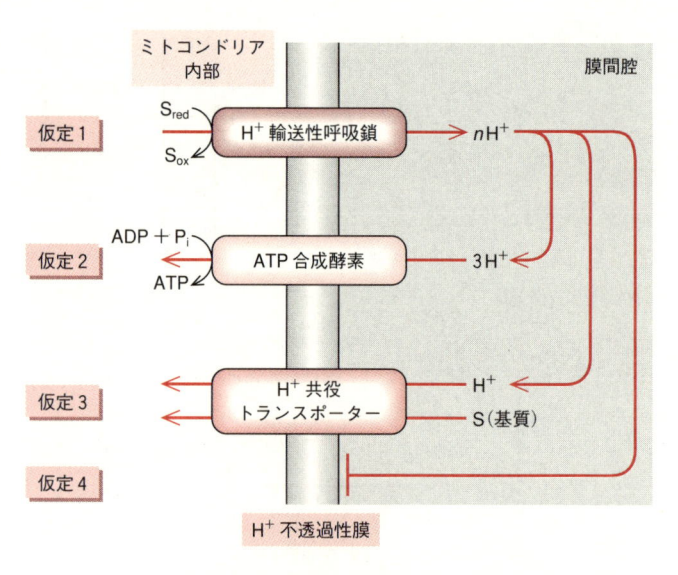

図　プロトン駆動力の生成とその利用

4・3 生物エネルギーはどのようにしてつくられるか

とになる．そのため，プロトン駆動力は，化学的に分離できるような実体ではない．

このようにして電子伝達反応の結果，左と右のコンパートメントの間にプロトン勾配と電位差が形成されると，左にはプロトンが蓄積していて，それが右に流れようとする化学ポテンシャルを生み，さらにそのプロトンの正電荷（＋）を引っ張る

れなかった．その理由は，その概念が通常の生化学反応では説明できない二つの概念，**コンパートメント**と**電気化学の概念**，が必要であったからと思われるが，もっと大きな理由は，本文にも記したように，プロトン駆動力そのものが実体として化学的に分離できるものでなかったからであろう．

図に示すように，"化学浸透圧説"では，大まかに四つの仮定があり，それらがすべて満足されなければならない．それらは，1) 電子伝達（酸化還元）反応が膜を隔てた H^+ の輸送（排出）を行うこと，2) その H^+ の流入によって ATP が合成されること，3) 同様に，H^+ の流入によって能動輸送（基質の取込み）が行われること，4) それらの前提として，閉じられた膜空間の存在とその膜が H^+ に対して不透過性であること，である．

この概念は，上述したように，なかなか理解を得られなかったが，それぞれの仮定が徐々に実験的に証明されていった．**仮定1**については，ミッチェル自身が1965年にミトコンドリアで呼吸に伴う H^+ の排出を pH 計による小さな変化としてとらえることに成功した．**仮定2**については，ヤーゲンドルフ（A. T. Jagendrof, 米）らが1966年に葉緑体を用いて人工的な pH の勾配によって ATP 合成が誘起されることを示した．**仮定3**についても，ミッチェル自身が1972年に大腸菌でのラクトースの取込みに伴って外液の pH が上昇することを示し，基質の取込みが H^+ の移動と共役していることを示した．さらに，**仮定4**については，1971年にケーバック（H. R. Kaback, 米）が大腸菌から細胞膜だけから成る膜小胞をつくることに成功し，その後その膜小胞を用いて呼吸による電位の形成やラクトース輸送を証明し，閉じた膜系の存在がプロトン駆動力の作用に必須であることを示した．最後に，1974年にラッカー（E. Racker, 米）がリン脂質から成る人工的な膜小胞に H^+ 輸送タンパク質と ATP 合成酵素を組込み，H^+ の輸送に伴う ATP の合成を再現してみせた．このようにして，ミッチェルの"化学浸透圧説"は多くの実験的支持を受けるようになり，1978年にノーベル化学賞を受けるに至ったのである．

このプロトン駆動力という概念は実体としてとらえられるものでないだけに，科学における実験とそれに基づく認識の発展の重要さをよく示している．

［参考文献］丸山工作，"創造する生化学者・化学浸透圧説のミッチェル"，蛋白質 核酸 酵素，**47**，601 (2002)．

負（−）の電位差が右に存在することになる．そのため，プロトンが左から右に移動しようとする大きな力が生じることになり，これが"プロトンを駆動する力"**プロトン駆動力**である．図4・10c, d に示すように，最も基本的な生物のエネルギー生成反応は水素の酸化である．水素が酸素と反応（燃焼）するのは，最も単純なしかも最も効率的なエンジン，**水素エンジン**である．水素エンジンでは，図4・10c に示すように，直接水素と酸素が反応し燃焼して爆発を起こす．一方，水素細菌で行われる，生物における水素酸化は，基本的に図4・10d に示すように，爆発の代わりに，プロトン駆動力を生みだす．このプロトン駆動力はプロトンの細胞内への流入という形で ATP 合成反応に変換されるため，化学的燃焼のような爆発ではなく，生物の利用可能なエネルギーへと変換される．グルコースのような有機化合物の酸化も，この水素酸化と本質的には同じである．たとえば，グルコースは最終的に CO_2 にまで酸化されるが，その間に数段階（実際は 12 回）の水素の引抜きがあり（§5・2・4参照），この引抜かれた水素の多くは NAD を介して呼吸鎖に運ばれて，酸素と燃焼することになる（図4・10e）．このとき，その化学的燃焼で生じるエネルギーのほぼ40％ が利用できる形に変換される（§5・2・4参照）．

このようにして，生物のエネルギー生成反応の中心には，水素エンジンと類似の，しかし，機械的な水素エンジンよりも（この場合，ほとんどが熱エネルギーとして放出される）もっと効率的なプロトン駆動力を生みだすエンジンがあると考えることができる．

4・3・2　細胞膜での電子伝達反応がエネルギーを生みだす

上述のプロトン駆動力を生みだす電子伝達反応について，もう少し詳しく見てみよう．酸化的リン酸化も光リン酸化も，どちらも膜上で行われる電子伝達反応に基づいており，前者の場合は**呼吸鎖電子伝達系**，後者の場合は**光合成電子伝達系**とよばれている．細菌などの原核生物では，どちらの電子伝達系も，原則的には，細胞を囲む細胞膜上で行われる．光合成細菌の場合には，細胞内に特殊化した膜系をもつ場合も多く見られるが，これらの場合も，細胞膜がその面積を増やすために変則的に内部に折れ曲がるように入り込んで形成されたものである．これに対して，真核生物では，呼吸鎖電子伝達系は**ミトコンドリア**（mitochondria）という細胞内の顆粒，しかもその内膜，に局在している（図4・11a）．一方，光合成電子伝達系は，植物の細胞内顆粒である**葉緑体**（chloroplast，クロロプラスト）のチラコイド膜に局在している（図4・12a）．

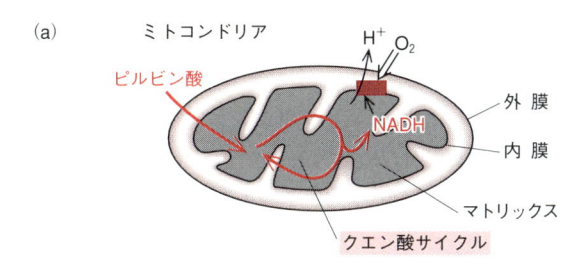

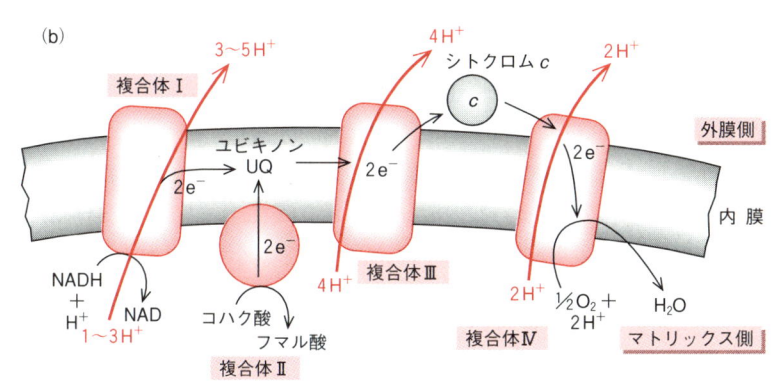

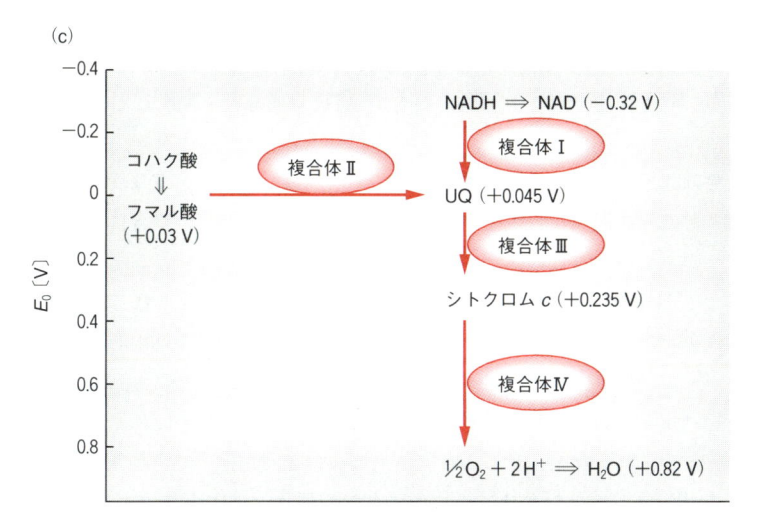

図 4・11 ミトコンドリアの呼吸鎖電子伝達系

図4・11bに示されるように，ミトコンドリアの呼吸鎖電子伝達系は基本的には膜に埋込まれた四つのタンパク質複合体で構成されている．NADHの酸化をつかさどる酵素で脂溶性の**ユビキノン**（UQ）に電子を伝える**複合体Ⅰ**（NADH脱水素酵素），コハク酸の酸化によってユビキノンへ電子を流す**複合体Ⅱ**（コハク酸脱水素酵素），還元型ユビキノンから水溶性の**シトクロム c** に電子伝達する**複合体Ⅲ**（シトクロム bc_1），このシトクロム c から酸素へ電子伝達を行う**複合体Ⅳ**（シトクロムオキシダーゼ）である．この電子伝達系は，1分子のNADHもしくは1分子のコハク酸を酸化して，1/2分子の酸素に2電子を伝達し，それを1分子の水に還元する（実際上は，2分子のNADHもしくはコハク酸で1分子の酸素を還元して，2分子の水を生成するが，便宜上このように考えるとする）．図4・11cで示されるように，このNADHもしくはコハク酸から酸素への電子伝達反応は，全体で1.14もしくは0.79Vの還元電位差（➡ 解説4・1参照）があり，そのポテンシャル差を利用してエネルギーが生成される．実際には，この電子伝達反応の過程で，複合体Ⅰ，Ⅲ，そしてⅣがプロトン駆動力の生成に貢献する．これまでの研究結果からは，1分子のNADHからの電子伝達では，複合体Ⅰ，Ⅲ，そしてⅣが，それぞれ3～5H^+，4H^+，2H^+をミトコンドリア内膜の外側にくみだすと考えられている（図4・11b）．つまり，全体で9～11個のプロトンが排出されるわけである．コハク酸の酸化の場合は，複合体ⅢとⅣだけが関与するため，全体で6個だけのプロトンの排出となる．このようにして，ミトコンドリア内膜の内側（**マトリックス**とよばれる）でクエン酸サイクルで生成されるNADHもしくはコハク酸を酸化するときに排出されるプロトンがプロトン駆動力としてATP合成酵素を稼働して，ATPを合成する．

一方，葉緑体で行われる光合成電子伝達系の場合は，ミトコンドリアの電子伝達反応と少々その様式が異なる．図4・12bに示されるように，この場合には膜に埋込まれた三つのタンパク質複合体が中心に関与しており，それらにリンクしている水開裂酵素とNADP還元酵素を含めれば五つの酵素複合体で構成されていることになる．この中心で働く三つの膜結合型タンパク質複合体は，光反応中心Ⅱ，シトクロム b_6f，そして光反応中心Ⅰである．水開裂酵素から電子を受取るとともに光エネルギーを利用する最初の複合体が**光反応中心Ⅱ**で，P680とよばれるクロロフィル成分が電子を受取った後，光によって，高い負の還元電位まで励起され，電子を**プラストキノン**（ミトコンドリアのユビキノン類似体，PQ）に渡すことができるようになる（図4・12c）．このようにして光反応中心Ⅱによって還元されたプラス

4・3 生物エネルギーはどのようにしてつくられるか　　93

(a)

葉緑体
H⁺
ストロマ
チラコイド膜
$h\nu$

(b)

$2H^+ + \frac{1}{2}O_2$
H_2O
Mn
水開裂酵素
P680
$2e^-$
プラストキノン
PQ
$2e^-$
$4H^+$ プラストシアニン
PC
光反応中心 I
P700
$2e^-$
チラコイド内
チラコイド膜
ストロマ側　光反応中心 II　$4H^+$　シトクロム b_6f
Fd
フェレドキシン
NADP還元酵素
NADPH
NADP + $2H^+$

(c)

光反応中心 II

−0.75 V　P680*

光反応中心 I

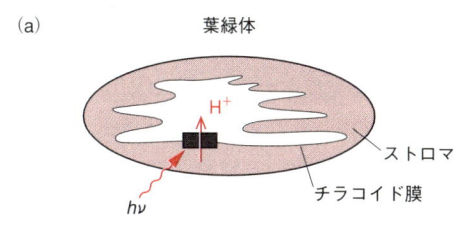

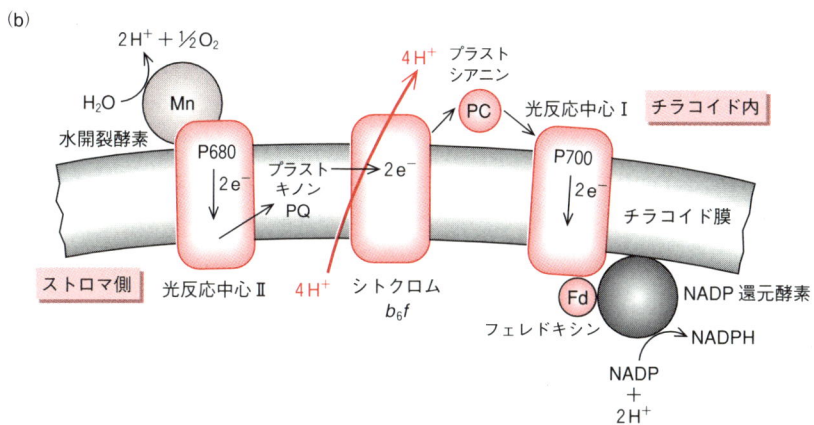

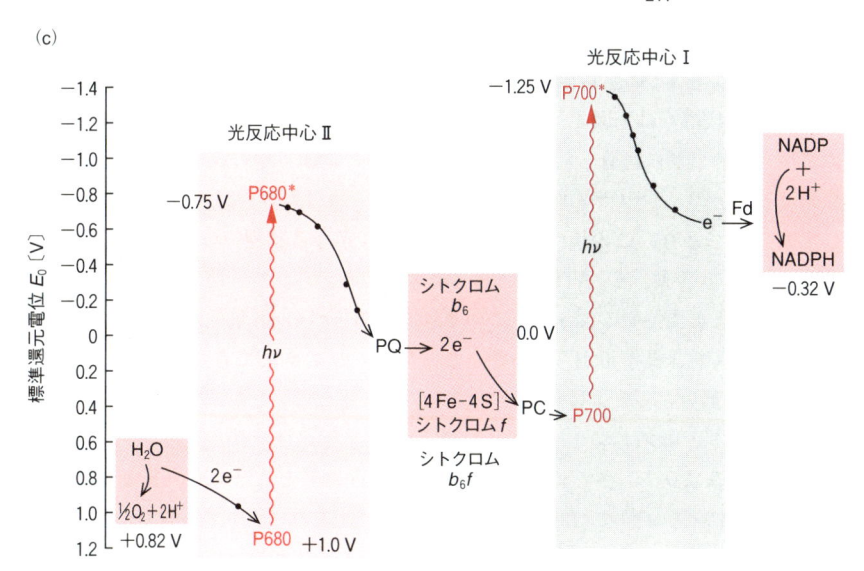

−1.25 V　P700*

標準還元電位 E_0 [V]

H_2O
$\frac{1}{2}O_2 + 2H^+$
+0.82 V

$2e^-$
$h\nu$
P680　+1.0 V

PQ → $2e^-$
シトクロム b_6
[4Fe-4S]
シトクロム f
シトクロム b_6f
PC → P700
0.0 V

$h\nu$

e^- → Fd
NADP + $2H^+$
NADPH
−0.32 V

図 4・12　葉緑体の光合成電子伝達系

トキノンは次の**シトクロム b_6f** に電子伝達する．このシトクロム b_6f 複合体は還元型プラストキノンから**プラストシアニン**（ミトコンドリアのシトクロム c 類似体，PC）に電子伝達する．このプラストシアニンは**光反応中心I**のクロロフィル成分である **P700** に電子を渡す．この P700 は再び光エネルギーによって励起されて，NADP 還元酵素に電子伝達することが可能になる（図 4・12c）．この NADP 還元酵素は受取った電子で NADP を還元し，NADPH を生成する．この水から NADP までの電子伝達反応の過程でプロトン駆動力の生成に関与するのは，還元型プラストキノンからシトクロム b_6f への電子伝達反応であり，ここで2電子あたり $4H^+$ がストロマからチラコイドの内側に輸送される（図 4・12b）．実際は，水の開裂で二つの H^+ が内側に蓄積し，NADP の還元で二つの H^+ が外側で消失するため，全体で $6H^+$ が移動した計算になる．このようにして，1分子の H_2O から $1/2\ O_2$ が生成され，1分子の NADPH が生成し，6個のプロトンが排出される．

4・3・3　ATP はどのように合成されるか

上述したように，ミトコンドリアの内膜や葉緑体のチラコイド膜での電子伝達反応はそれらの膜を隔てたプロトン駆動力を生じ，それは H^+ を膜を横切って元に戻そうとする．このプロトン駆動力に対応して働く最も重要な酵素が，それらの膜に結合して存在する **ATP 合成酵素**である．

この酵素はすべての生物種に存在する，構造の非常によく保存された酵素である．この ATP 合成酵素は，図 4・13 に示すように，膜を貫通する F_o **部分**（エフオーとよぶ）とその外側に付着した F_1 **部分**（エフワンとよぶ）から成っている．この F_1 部分は α と β の二つのサブユニットが交互に三つ組合わさった $\alpha_3\beta_3$ の球状構造をしている．しかも，この三つの単位はそれぞれ異なる状態（O：空の状態，L：ADP と P_i の結合型，T：ATP 結合型）にあると考えられてきた（図 4・13a）．最近，この考えを支持するように，このそれぞれの三つの $\alpha\beta$ 単位が非対称な構造であることが X 線結晶解析から明らかとなった．この $\alpha_3\beta_3$ でできた F_1 部分は膜に埋込まれた F_o 部分と γ とよばれるサブユニットを介してつながっている．一方，F_o 部分は複数の c サブユニットが環状になってできた **c リング**とそのリングと相対する **a サブユニット**，さらにその a サブユニットに結合した二つの **b サブユニット**からできている（図 4・13b）．γ サブユニットはこの c リングの中心にかたく結合して c リングとともに**回転子**を形成しており，c リングの回転に伴って γ サブユニットは固定された $\alpha_3\beta_3$ の球状構造の中心を回転する（図 4・13a 各図の中央に示

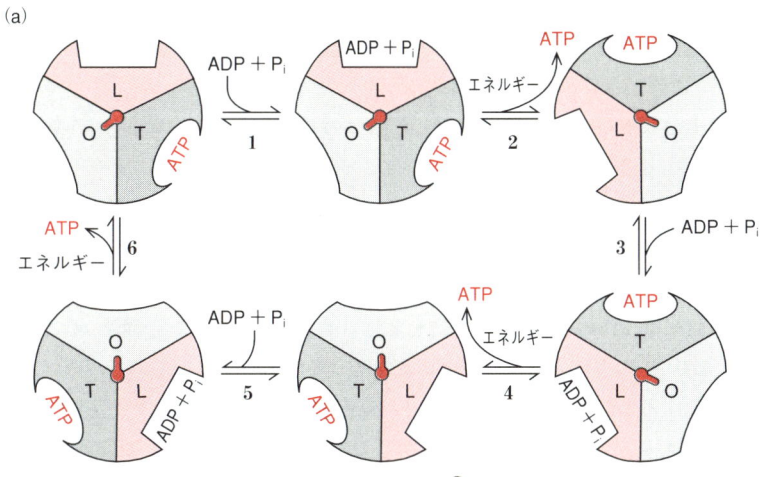

4・3 生物エネルギーはどのようにしてつくられるか　　　95

(a)

O: 空の状態, L: ADP 結合型, T: ATP 結合型　　　回転子（γサブユニット）の一部

1. ADP と P_i が L に結合する.
2. エネルギー（プロトン駆動力）により構造変化が起こり, L が T に変化する（同時に O が L に, T が O に変化）. T から O に変化した $\alpha\beta$ サブユニットから ATP が放出される.
3. 新たに L に ADP と P_i が結合する.
4. 再びエネルギーによって構造変化が起こり, T から O への変化に伴って ATP が放出される.
5. 別の ADP と P_i が L に結合する.
6. エネルギーで第三の構造変化によって元の構造に戻る.

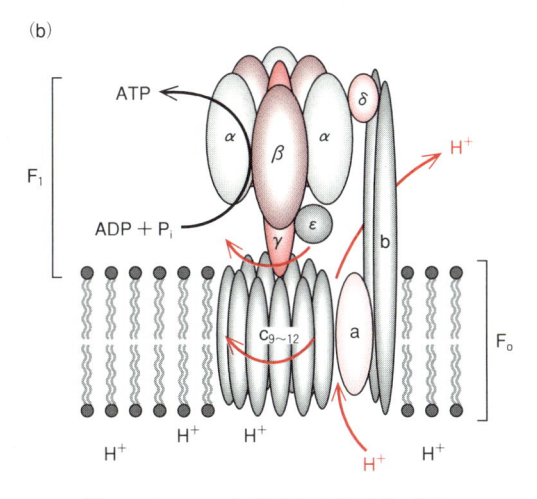

(b)

図 4・13　ATP 合成酵素の構造模式図

す非対称形部分）ことが最近明らかになっている（東京工業大学の吉田賢右らが，このATP合成酵素の回転が実際に蛍光顕微鏡下で観察できることを初めて明らかにした）．このように，ATP合成酵素は，cリングとγサブユニットからできた回転子，そしてaサブユニットに結合した二つのbサブユニットに$\alpha_3\beta_3$が結合した固定子から成る**分子モーター**である．

このF$_o$部分の回転子を回転させるのが，**プロトン駆動力**である．プロトン駆動力は，F$_o$のaサブユニットとcリングの間のH$^+$の移動をひき起こすことで，回転子を回転させる．その回転に伴って，γサブユニットはF$_1$部分の$\alpha_3\beta_3$の中心で回転する．この回転は三つの$\alpha\beta$単位の構造を変化させ，上述した三つの構造（O：空の状態，L：ADPとP$_i$の結合型，T：ATP結合型）変化を可能にしている．そのため回転子が回転すると，もともと三つの$\alpha\beta$単位のO型がL型に，L型がT型に，T型がO型に同時に三つの構造変化を起こす．このとき1）変化したL型にADPが結合し，2）T型に構造変化した別の$\alpha\beta$単位（もとのL型）ではそこに結合していたADPがATPに変換し，3）もう一つのT型から変化したO型では結合していたATPが遊離して空の状態を生みだす（図4・13a）．この回転子の回転に伴う一連の構造変化がつぎつぎと繰返されることで，つぎつぎとATPが合成されることになる．

4・4 生物エネルギーと細胞活動

プロトン駆動力は生物のエネルギー生成反応の中心に位置しており，電子伝達反応によって形成されるプロトン駆動力の最も大きな仕事は，ATP合成反応と次章（§5・3・1参照）で説明される栄養分の取込み反応（能動輸送）にエネルギーを供給することである．しかし，それがプロトン駆動力の行うエネルギー供給反応のすべてではない．実際には，細胞活動に重要ないくつかの反応がこのプロトン駆動力を直接利用して行われている．図4・14に示されるように，細胞内のエネルギー利用反応は，プロトン駆動力を直接利用する反応とプロトン駆動力によってつくられたATPを利用する間接的な利用反応とが存在している．次章で説明される生合成反応は基本的にはATPを介する間接反応であるが，能動輸送や細胞運動などはプロトン駆動力を直接利用する系と間接的に利用する系の両方が存在している．

ATP合成や能動輸送以外で，プロトン駆動力を直接的に利用する反応として，細胞運動，熱の発生，NADPH合成などがあげられる（図4・14）．**細胞運動**の場合，筋肉収縮運動におけるアクチンのスライド運動はATPを利用して行われるが，細菌の運動にかかわる**べん毛の回転運動**は，プロトン駆動力を直接利用する代表的

4・4 生物エネルギーと細胞活動   97

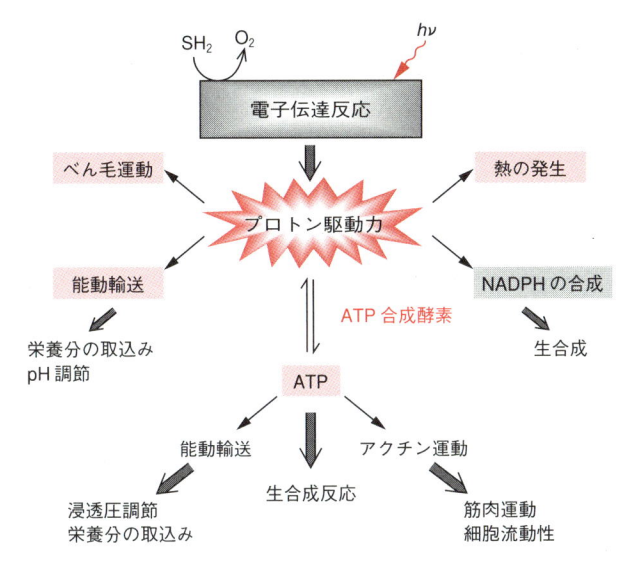

図 4・14 プロトン駆動力と細胞活動

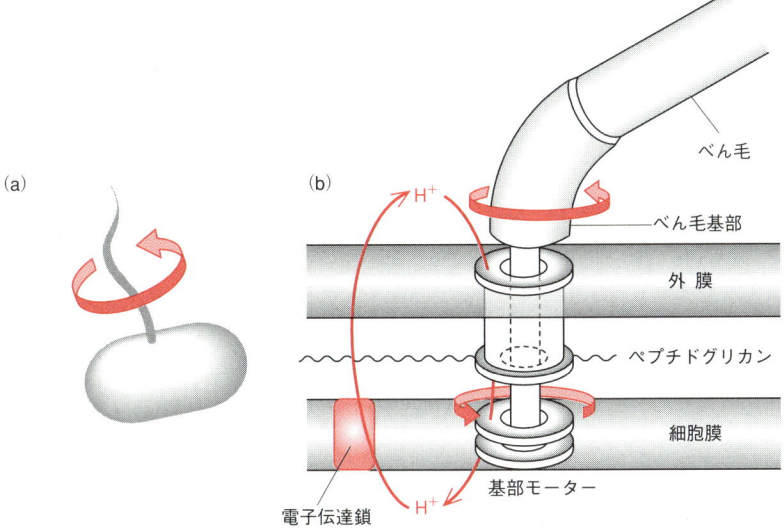

図 4・15 細菌のべん毛運動 (a) とプロトン駆動力 (b). (a) べん毛の回転. (b) べん毛が細胞表層(外膜, ペプチドグリカン, 細胞膜)と結合している基部構造を示している. プロトン駆動力によってこのべん毛基部が回転し, べん毛の回転 (a) をひき起こす.

なものである．細菌はスムースに泳いでいるときはこのべん毛を左回転に回転させ（図4・15a），この回転を反転させることで泳ぎの方向を変えることができる．このべん毛の回転運動は，上述の§4・3・3でみたように，ATP合成酵素の膜に埋込まれたF_o部分の回転と類似した反応であると考えられている．つまり，プロトン駆動力によってH^+がべん毛基部のモータータンパク質を通り抜けるとき，その基部の回転をひき起こし，その基部の回転がべん毛の回転運動に伝えられるのである（図4・15b）．

コラム4・3　肥満とプロトン駆動力

本文に記したように，冬眠動物の冬眠覚醒時の急激な体温上昇や新生児の体温維持には，**褐色脂肪細胞のミトコンドリアに過剰に存在する脱共役タンパク質**（uncoupling protein；**UCP**）がその熱発生に関与していることが古くより知られていた．このUCPはミトコンドリア内膜に貫通して存在する分子量32,000のタンパク

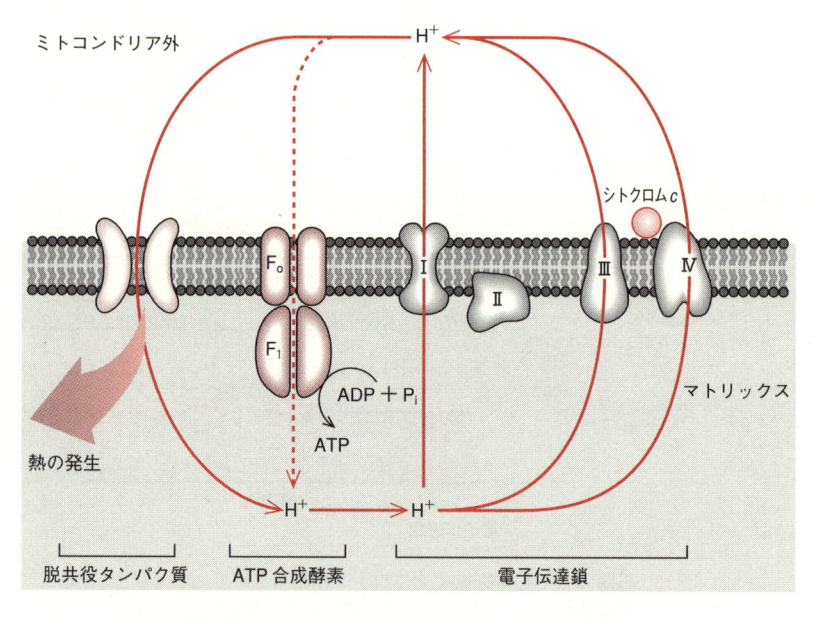

図　ミトコンドリアでの熱の発生とプロトン駆動力

4・4 生物エネルギーと細胞活動

もう一つのプロトン駆動力利用系である**熱の発生**は，特殊な状況下では動植物にとって重要な反応である．たとえば，動物の胎児や冬眠動物は，熱の発生のために特殊な細胞（**褐色脂肪細胞**）をもっており，その細胞のミトコンドリアでは，特に脂肪を燃焼して生成されたプロトン駆動力がATP合成酵素ではなく，過剰に存在する**脱共役タンパク質**を介して消費される．このタンパク質は，ATP合成酵素と違って，合成反応のような仕事をせず，ミトコンドリア内に直接H^+をリークさせるため，消費されるプロトン駆動力は熱に転換されることになる．このようにして，

質で，H^+をミトコンドリア内に直接運ぶチャンネルタンパク質であり，プロトン駆動力を使ってATP合成の代わりに熱生成に関与している（図）．

最近，このUCP（UCP-1）以外の類似のUCPが褐色脂肪細胞やその他の通常の細胞にも存在していること，さらに植物にもその類似タンパク質が存在することが明らかになってきた．また，遺伝子組換え技術を使って，このUCP-1の発現（細胞内でつくられる量）をコントロールしたトランスジェニック（遺伝子組換え）マウスが作製されるようになり，UCPの機能の研究は格段に進んできた．その結果，このタンパク質の発現量を減少させたマウスでは，冷たい部屋での体温維持能が低下していただけでなく，体脂肪の著しい増加がみられ，**肥満**が誘発されることまで明らかとなった．逆に，このUCPを強制的にたくさんつくらせたマウスでは，体脂肪が少ないだけでなく，高脂肪食摂取においても肥満が起こらないことが示された．

また，これらのトランスジェニックマウスを使った実験とは別に，高脂肪の食事を摂取したときに肥満になりにくいマウスとなりやすいマウスとで，別のタイプのUCP（UCP-2）の発現が異なることが示された．つまり，肥満になりにくいマウスではUCPの量が多いのに対して，肥満になりやすいマウスではその量が少ないことが示されたわけである．さらに，同じタイプのUCPが，ヒトの肥満患者の骨格筋で減少していることや，インスリン非依存性の糖尿病患者では別のタイプのUCPが減少していることなどが報告されてきている．

このように，これらUCPは，寒冷時の熱発生だけでなく，食事と関連した組織もしくは細胞のエネルギーバランスの維持に関与していることが示されてきた．つまり，過剰の栄養を取り，エネルギー過剰になるときには，このUCPがその余剰エネルギーを熱として消費してしまう機能をもっており，この遺伝子の発現やその機能に障害があると，肥満がひき起こされるのではないかという可能性が高まってきているのである．

［参考文献］入江由希子, 斉藤昌之, 化学と生物, **37**, 514 (1999).

これらの特殊な細胞では，熱の発生のために，ミトコンドリアの電子伝達反応が生みだすプロトン駆動力が用いられている．最近，このタンパク質は，寒冷時の体温維持だけでなく，細胞のエネルギーバランスに関係していて，食事と肥満にも関係しているとする研究が多く発表されている（→ コラム 4・3 参照）．

このようにして，次章で述べる生合成反応も含め，すべての代謝反応と細胞活動は，ATP もしくはプロトン駆動力をエネルギー源として行われている．ATP 自身もその大部分はプロトン駆動力を利用して ATP 合成酵素によってつくられていることを考慮すると，プロトン駆動力が生物におけるエネルギーの流れの中心に位置しているいうことができる．

=== 解　説 ===

4・1　酸化還元エネルギーと還元電位

生物体内でのエネルギー生成反応は，栄養基質がもつ化学エネルギーを燃焼ではなく，**酸化還元反応**（oxidation-reduction，もしくは単に redox 反応とよばれる）によって穏やかにひきだすところに特徴がある．酸化とはある物質からの電子の引抜きであり，逆に還元とはある物質への電子の添加である．

生体や水溶液中では電子は遊離の状態で存在できないため，この酸化反応と還元反応は，同時に起こる必要がある．つまり，電子を与える分子（**電子供与体**）からの電子の除去（**酸化反応**）と電子を受取る分子（**電子受容体**）への電子の移動（**還元反応**）とが同時に起こり，電子供与体からの電子が直接電子受容体に受渡されることになる．そのため，この反応は酸化還元反応とまとめてよばれる．

たとえば，水素分子の酸化の場合でみると，以下のようになる．このとき，水素分子が電子供与体で，酸素分子が電子受容体，そして生成物は水である．

$$\text{酸化反応:} \quad H_2 \longrightarrow 2e^- + 2H^+$$
$$\text{還元反応:} \quad 1/2\,O_2 + 2e^- + 2H^+ \longrightarrow H_2O$$
$$\text{酸化還元反応:} \quad H_2 + 1/2\,O_2 \longrightarrow H_2O$$

生体内でのこの酸化還元反応が電子の出し入れだけで行われると有害なラジカルを生じる．たとえば，酸素に電子だけが添加されると，よく知られている危険な**酸素ラジカル**ができる（$O_2 + e^- \longrightarrow O_2^-$）．そのため，電子の移動は，通常，水素原子（H）の形で行われる．しかし，電子移動にかかわるタンパク質の多くは H（$H^+ + e^-$）のうちの電子だけを受取ることのできる金属原子を含んでいる．その

金属原子は電子だけを受取るため，かたわれのプロトン（H^+）の遊離が起こり，これが本文でふれるようにプロトン駆動力の形成に関係することになる．

この酸化還元反応において，反応の方向性を決めるのが，その分子の**還元電位**である（便宜的に還元反応の電極電位として表されるため，こうよばれる．還元ポテンシャルともいう）．つまり，より還元力の強い分子（より負の還元電位をもつ分子）からより還元力の低い分子（より正の還元電位をもつ分子）に電子を流すことになる．この還元電位は標準の分子に対する電極電位として電気化学的に測定することができ，通常 pH 7.0 で測定された値で表現される（図 4・16）．

たとえば，水素分子の標準還元電位（$2e^- + 2H^+ \longrightarrow H_2$）は $-0.42\,\mathrm{V}$ で，酸素

酸化還元分子種

[酸化還元分子対（還元電位）移動電子数]

標準還元電位 E_0 [V]

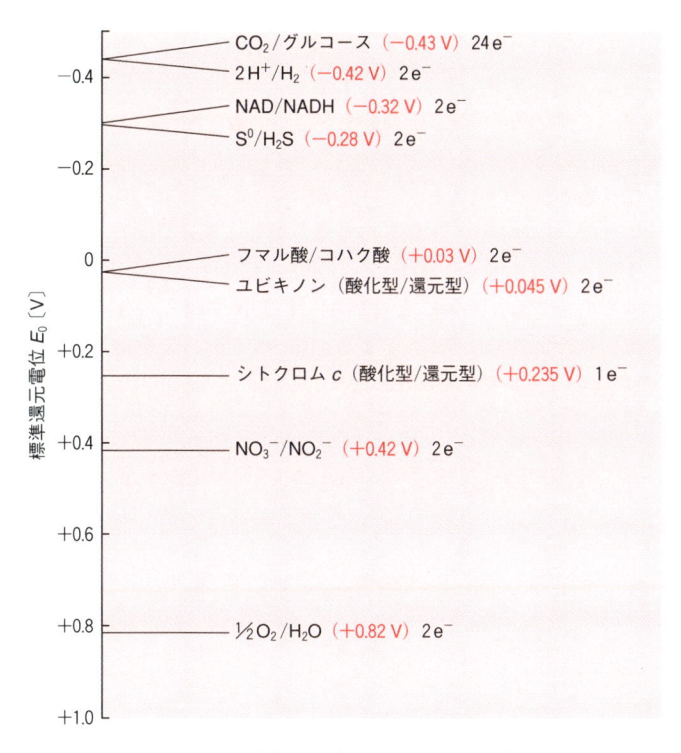

- CO_2/グルコース（$-0.43\,\mathrm{V}$）$24e^-$
- $2H^+/H_2$（$-0.42\,\mathrm{V}$）$2e^-$
- NAD/NADH（$-0.32\,\mathrm{V}$）$2e^-$
- S^0/H_2S（$-0.28\,\mathrm{V}$）$2e^-$
- フマル酸/コハク酸（$+0.03\,\mathrm{V}$）$2e^-$
- ユビキノン（酸化型/還元型）（$+0.045\,\mathrm{V}$）$2e^-$
- シトクロム c（酸化型/還元型）（$+0.235\,\mathrm{V}$）$1e^-$
- NO_3^-/NO_2^-（$+0.42\,\mathrm{V}$）$2e^-$
- $\frac{1}{2}O_2/H_2O$（$+0.82\,\mathrm{V}$）$2e^-$

図 4・16　代表的な酸化還元分子の還元電位

の標準還元電位（$1/2\ O_2 + 2e^- + 2H^+ \longrightarrow H_2O$）は$+0.82\ V$である．そのため，水素分子は電子を出しやすく，酸素分子は電子を出しにくい．逆に，酸素は電子を受取りやすい性質をもち，水素分子から酸素分子に電子移動することになる．つまり，水素が酸化されて，酸素が還元されることで反応（酸化還元反応）が完結し，エネルギーが放出されることになる．図4・16に見られるように，この還元電位タワーの中間に位置する分子は，電子供与体にも電子受容体にもなりうる．たとえば，フマル酸/コハク酸分子対（フマル酸 $+ 2e^- + 2H^+ \longrightarrow$ コハク酸）は，下式に示すように，水素分子の電子受容体にもなりうるし，同時に酸素分子に対する電子供与体にもなりうる．

H_2 + フマル酸 $\longrightarrow$ コハク酸（還元反応：電子受容体として）
コハク酸 + $1/2\ O_2$ $\longrightarrow$ フマル酸（酸化反応：電子供与体として）

これらの酸化還元反応により放出されるエネルギーは，この酸化される分子と還元される分子の還元電位の落差が大きければ大きいほど，大きいことになる．具体的にいうと，NADH（$-0.32\ V$）と酸素（$+0.82\ V$）の反応はその還元電位差が$1.14\ V$であるのに対し，コハク酸（$+0.03\ V$）と酸素（$+0.82\ V$）の反応ではその電位差が$0.79\ V$であり，明らかにNADHの酸化がコハク酸の酸化に比べより多くのエネルギーを生みだすことになる．それが，本文§4・3・2で述べられるエネルギー生成能の違いに反映されている．

このようにして，生物体内で，電子供与体となりうる分子はエネルギー源とみなされ，それが電子を他の電子受容体となる分子に伝達する酸化還元反応によって，生育のエネルギーを生んでいることになる．本文中（§4・3・1）で解説されるように，この酸化還元反応より導かれるエネルギーがプロトン駆動力を形成し，ひいてはATPの合成を導くのである．

5

物質代謝, 細胞増殖と生物エネルギー

5・1 代謝反応をつかさどる酵素

生物は, 生きていくうえで, さまざまな生体反応 (細胞内あるいは細胞から排出される成分による化学反応) を行っている. すでに述べたように, 栄養源の細胞内への取込み, 取込まれた栄養源の分解, さらにはそれらの分解物からの生体成分の合成, これらすべて自然に起こる反応ではない. このような生体反応が速やかに起こることを可能にしているのが"酵素"である. 代謝の流れをみていく前に, 酵素とは何かをみてみたい.

5・1・1 生体反応を行う酵素とは

酵素 (enzyme, エンザイム) は, 生体反応を行う化学触媒であり, 多くの場合, アミノ酸が重合してできたタンパク質である. まれに, RNA が生体触媒として働くことがあり, 生命誕生の過程ではこの RNA 触媒 (ribozyme, リボザイム) が生体触媒として重要な働きをしていたと考えられている (第1章§1・4生命の起原を参照).

栄養源のような通常の化合物は外界から熱あるいは圧力などの大きなエネルギーが加えられなければ, 水溶液中で水に囲まれていても簡単に反応することはない. たとえば, スクロース (ショ糖) の加水分解の場合を考える (図5・1a). この反応は分子間の結合を水によって開裂する加水分解反応である. この酵素反応が進行するためには, 酵素に結合した基質が伸びたり, 曲がったりするような分子が活性化した状態が必要である. この状態を**遷移状態** (transition state) といい, この状

図 5・1 スクロース（ショ糖）の加水分解 (a) と酵素によるその反応の進行 (b)

態を越えて開裂反応が進行することになる（図5・2a）．この活性化状態を導くために，エネルギー（活性化エネルギー）が必要であり，通常加熱することで行われる．しかし，生物においては，そのような高熱を課することはできない．その役割を担うのが酵素である．酵素はその分子（スクロース）に結合し，その分子は酵素に結合した状態で遷移状態に移行する（図5・1b）．そのとき，酵素は，その構造変化を通して基質分子（スクロース）の構造に影響を与え，そのことによって遷移状態のエネルギーレベルを下げ，反応（スクロースの加水分解反応）を促進させる

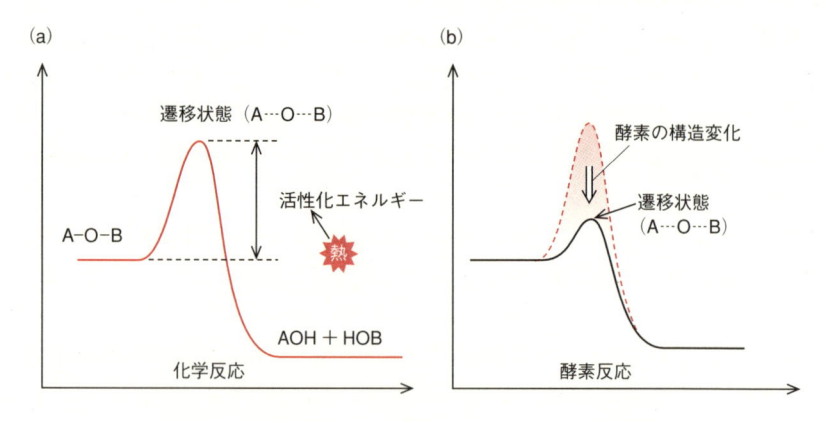

図 5・2 化学反応 (a) と酵素反応 (b) における遷移状態

5・1 代謝反応をつかさどる酵素

(図5・2b)．もちろん酵素がなくても，時間をかければスクロースは徐々に加水分解される．しかし，触媒である酵素の添加によってその反応の速度は格段に速くなる．化学触媒でも数十倍から数百倍程度の反応速度の増加が見込まれるが，酵素触媒では，それが一般に 10^{10}〜10^{14} のオーダーでその反応速度が増加する（図5・3）．

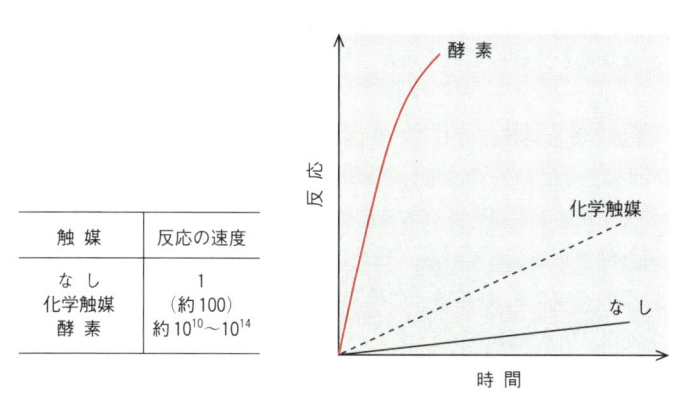

触 媒	反応の速度
な し	1
化学触媒	（約100）
酵 素	約 10^{10}〜10^{14}

図 5・3　酵素反応の速度

酵素の特性は，それだけではない．酵素触媒は化学触媒に比べて格段にその特異性が高く，その親和性も高い．そのため，非常に薄い溶液中でも速やかな反応が可能である．このような反応が可能になるのは，酵素の構造に由来している．タンパク質は20種類ものアミノ酸が100から1000個も共有結合でつながってできた高分子重合体である．しかも，その共有結合でつながったペプチド同士がいくつかの非共有結合（イオン結合，水素結合，疎水結合，ファンデルワールス力）によって相互に穏やかに作用しあって，非常に複雑な立体構造（三次構造）を取っている．しかも，それらの非共有結合は，個々につくられたり壊れたりしながら，柔軟に動いて，全体としてのタンパク質の構造を変化させることができる．そのため，酵素タンパク質は，特定の化合物が適合（フィット）できる構造をとっていて，目的以外の化合物とは反応しない．基質化合物がその基質ポケット（**活性部位**もしくは触媒部位という）に入ってくると柔軟な構造がそれを包み込むように変化して完全に適合する．このようにして，基質（たとえば，スクロースの場合，A–O–B）は活性部位に入ると，周辺のアミノ酸との相互作用に伴う構造変化によって遷移状態（A⋯O⋯Bのように）に導かれる．その後，遷移状態から開裂が起こる．基質の開裂は活性部位の環境を変え，酵素構造の変化によって反応生成物（AOH，HOB）を

放り出す（図5・1b）．このようにして，酵素はつぎつぎと新しい基質（A-O-B）と繰返し反応することができるわけである．このような反応の繰返しを**ターンオーバー**（turnover，代謝回転）という．酵素の種類によって異なるが，一般の酵素は，その**ターンオーバー数**（turnover number，代謝回転数）が数百から数千/秒である．つまり，1秒間に一つの酵素が数百回から数千回も反応を繰返し行うことができる．この速やかな反応が生物の増殖を可能にする代謝を導くのである．

5・1・2　連続した生体反応としての代謝経路の形成

上で述べたように，一つの酵素は基本的に一つの分子としか反応できない．つまり，さまざまな反応が渦巻いている細胞の中にあっては，それらの反応をつかさどる多種多様な酵素が存在している．しかし，これらの酵素は，多くの場合，単独で機能しているのではなく，他の多くの酵素と共同で，細胞内の一連の化学反応を行っている．栄養源（炭水化物，脂肪，タンパク質など）を取込んだ細胞は，それらを低分子のより簡単な分子（たとえば，乳酸，CO_2 など）に分解する**異化反応**（catabolism）を行っている．また，逆に，これらの分解された低分子成分からさまざまな生体成分（多糖，タンパク質，核酸など）をつくる**生合成反応**（anabolism）も行っている．これらの反応にかかわる数多くの酵素反応は，連続して機能する**反応経路**

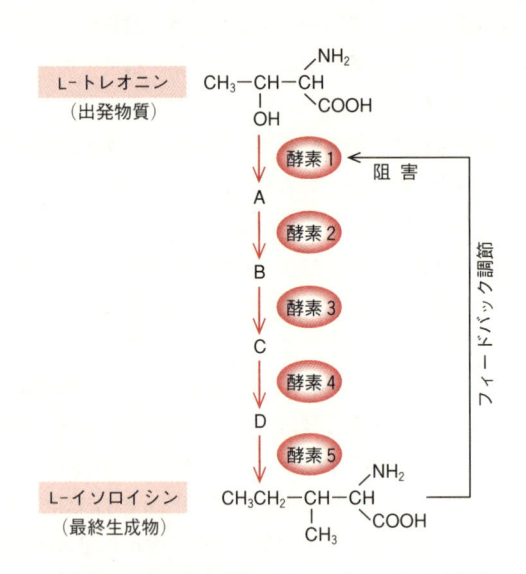

図 5・4　**連続する酵素反応経路**（イソロイシン生合成経路の場合）

5・1 代謝反応をつかさどる酵素

(pathway) を形成している．例として，図5・4に，アミノ酸の一つであるイソロイシンのトレオニンからの生合成経路を示す．生体内では，このような反応経路がいくつも複雑に混じりあい，相互に連携をとりながらネットワークを形成して機能している．このような生体反応を総称して，**代謝** (metabolism) といい，個々の反応経路を**代謝経路** (metabolic pathway) とよぶ．

いったい，細胞内には，どれくらいの代謝経路があるのだろうか．以前は，個々別々に，それぞれの代謝（たとえば，このあと説明される解糖系など）が研究されていた．それらのさまざまな代謝経路の研究から，細胞内には数千の酵素反応があるだろうと漠然と考えられていただけである．しかし，最近では**ゲノム解析**が進み，その全体像が明らかになりつつある．たとえば，大腸菌のゲノムには，4288種類のタンパク質をコードする遺伝子が存在している．もっと少ない遺伝子で生育できる細菌も存在している（表5・1）．それゆえ，独立した細胞として生育するための

表 5・1 ゲノム解析からわかった微生物のタンパク質遺伝子の数

微生物	ゲノムサイズ〔塩基対〕	タンパク質遺伝子数
リケッチア菌（Rickettsia prowazekii）	1,111,529	834
ピロリ菌（Helicobacter pylori）	1,643,831	1494
結核菌（Mycobacterium tuberculosis）	4,411,529	3924
大腸菌（Escherichia coli）	4,639,221	4288
酵母（Saccharomyces cerevisiae）	13,389,000	6023

最小限の代謝反応，つまり酵素タンパク質，の数は4000も必要ないことは明らかである．ヒトの寄生菌であるリケッチア菌は，その宿主細胞からさまざまな栄養源を得ているため，アミノ酸や核酸などの生合成やその調節にかかわる遺伝子が欠落していて，その数が著しく少ない．独立して生育をする細胞は当然，リケッチアの遺伝子数（834）より多くの遺伝子が必要であろう．逆に，真核生物でより複雑な生育を行う酵母でも6000程度のタンパク質である．最近のヒトゲノム解析でも，その数は当初考えられていたより少なく，3万程度であろうといわれている．これらのタンパク質遺伝子はいつも発現しているわけではない．真核生物では，多くの遺伝子は，通常眠っている．特に，ヒトのような高等生物では，肝臓とか心臓とか特定の細胞に分かれているため，その細胞で必要でない遺伝子は完全に眠っていて，発現することはない．通常の生物は，さまざまな環境の中で生育できる．たとえば，

大腸菌でも，腸内の（空気がなく温度が一定の）世界から，土壌中の（空気がふんだんにあるが温度変化の著しい）世界といった具合に，極端な環境の変化に対応して生きている．そのため，多様な環境での生育を可能にするために，さまざまな代謝を行ういくつかのセットの遺伝子が存在しているものと考えられている．これらのことを合わせ考えると，一般に1000前後のタンパク質遺伝子があれば，独立した細胞として生育できると考えられている．

5・1・3 代謝経路の調節

このようにして，一つの細胞内では，通常1000前後の酵素反応が同時に進行していると考えられるが，一見して同じような環境下でも，代謝は刻々とその様相が変化する．急速に生育している細胞では，タンパク質や核酸が大量に合成されている．しかし，栄養源が不足したり，何らかの理由で生育が遅くなると，それらの合成も著しく低下する必要が生じる．そのため，特定の酵素反応を調節することで，一つの代謝経路の流れがコントロールされるようになっている．たとえば，図5・4の代

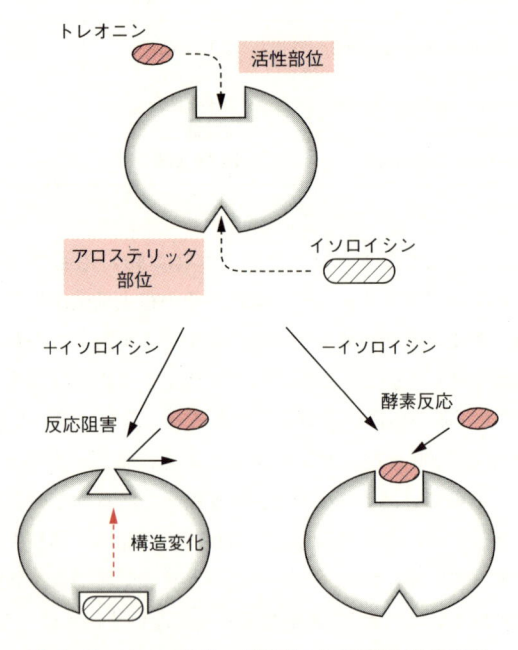

図 5・5　アロステリック酵素による酵素活性の調節

5・1 代謝反応をつかさどる酵素

謝経路では最終産物であるイソロイシンが細胞内にたまると,イソロイシンがその代謝経路の最初の酵素1と反応し,その酵素反応を阻害する.そのため,その代謝経路の流れが抑えられる.このような反応を**フィードバック調節**(feedback control)とよび,このような調節を受ける酵素を**アロステリック酵素**(allosteric enzyme)という.図5・5に示すように,アロステリック酵素は,基質(この場合,トレオニン)と反応する活性部位とは別に,阻害剤となるイソロイシンと反応する**アロステリック部位**(allosteric site)をもっている.イソロイシンの濃度が高くなってこの部位に結合すると,その構造変化が活性部位に伝わり,活性部位の構造変化をひき起こす.この構造変化は活性部位でのトレオニンの結合を妨害し,反応が阻害されるようになる.

細胞は,このような酵素活性の調節による代謝経路の制御に加えて,これらの代謝経路で働く酵素そのものの合成,つまり**酵素の量**,を制御することができる.それは,DNAからのmRNAの合成(転写)のレベルかmRNAからタンパク質の合成(翻訳)のレベルで起こる.一般には,**転写**のレベルで起こる場合が多く,図5・6に示したように,代謝経路の最終生産物が**リプレッサー**(repressor)とよば

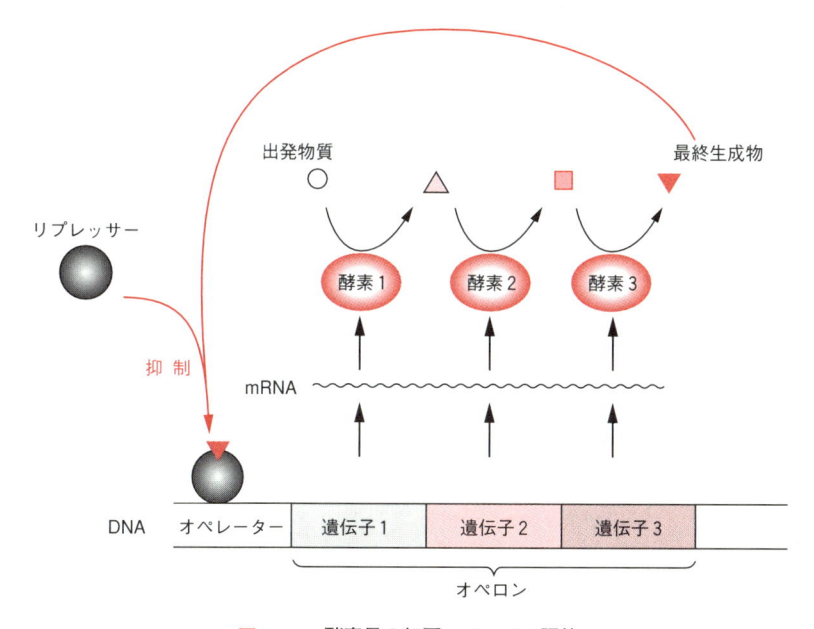

図 5・6 酵素量の転写レベルでの調節

れるタンパク質と結合して**オペロン**（operon）とよばれる一連の遺伝子の前に存在する**オペレーター**（operator）とよばれる DNA 領域に結合して，その遺伝子群のmRNA への転写を阻害するのである．この様式による酵素量の調節は，酵素活性の阻害による調節に比べて時間がかかるが，必要なくなった酵素そのものの合成を止めるということで，より完全でより経済的な代謝経路の調節ということができる．

　細胞は，速やかに起こるアロステリックな活性調節とゆっくりとしかし完全に起こる酵素量の調節によって，刻々と変わる環境の変化に対応した，代謝経路の調節を行う．このような代謝調節によって，生物は流動的で経済的な非常に巧妙な細胞機能の制御を行っている．

5・2　異化代謝とエネルギー生成
5・2・1　栄養源の分解反応と中央代謝経路

　細胞の生育・増殖に必要な栄養源は，いくつかの酵素の働きで分解されて，細胞膜上に存在する輸送タンパク質によって細胞内に取込まれる．その後，これらの栄養源は，細胞内で連続した反応系を形成している**中央代謝経路**（central metabolic pathway）に流れ込む．

　図 5・7 に示すように，私たちが普段に食している食物にはデンプン（グルコースのポリマー），タンパク質（アミノ酸のポリマー），脂質（グリセロールに三つのアシル基がエステル結合でつながったもの）のような高分子の成分が多量に含まれている．これらは，それぞれアミラーゼ，プロテアーゼ，リパーゼで，対応する低分子のグルコース，アミノ酸，脂肪酸に消化・分解され，その後で，細胞まで運ばれた後に細胞内に取込まれることとなる．また，私たちの肝臓に貯蔵されているグリコーゲン（デンプンと同じグルコースポリマーであるが，より枝分かれが多く，コンパクトになっている）も必要に応じて，図 5・7 のような経路で分解される．このようにして，消化・分解の後，吸収・輸送された低分子成分はいくつかの酵素反応を経て，あるいは直接，中央代謝経路へと組込まれていく．デンプンやグリコーゲンの分解物であるグルコースは，**解糖系**（glycolytic pathway）へ流れていくのに対し，タンパク質の分解物であるアミノ酸は，種類によってピルビン酸，アセチルCoA，2-オキソグルタル酸（α-ケトグルタル酸），スクシニル CoA，もしくはオキサロ酢酸（→ 解説 5・1 参照）を介して，おもに**クエン酸サイクル**（citric acid cycle，TCA サイクルともいう）に流入する．一方，脂質の分解物である脂肪酸は，炭素数が 14 から 18 位までのアシル基でできていて，**β酸化**とよばれる反応によっ

5・2 異化代謝とエネルギー生成

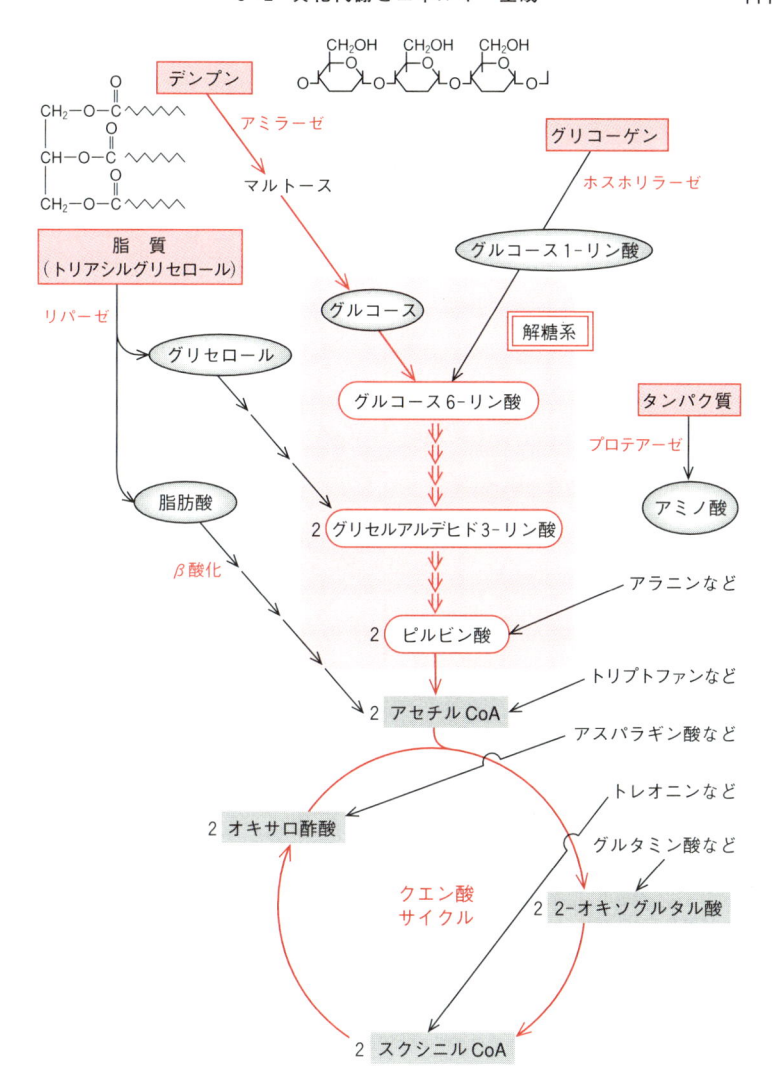

図 5・7 栄養源（デンプンおよびグリコーゲン，タンパク質，脂質）の代謝経路への流入

て，順次，補酵素 A（CoA）と反応しながら炭素数二つずつアセチル CoA として切り離されていく．生成されたアセチル CoA はそのままクエン酸サイクルに入ることになる．同じく脂質の分解で生じるグリセロールはグリセルアルデヒド 3-リン酸に代謝され，解糖系の途中に入るようになる．

このようにして，すべての栄養源は，最終的には中央代謝経路に入り，その反応を介して，生合成や生育のためのエネルギーをつくることになる．この中央代謝経路は，ほとんどの生物に共通な基本的代謝経路で，解糖系とクエン酸サイクルもしくは**アルコール発酵**（alcohol fermentation）および**乳酸発酵**（lactic acid fermentation）の各経路よりかたちづくられている（図5・8）．加えて，NADPHの需要の高い植物

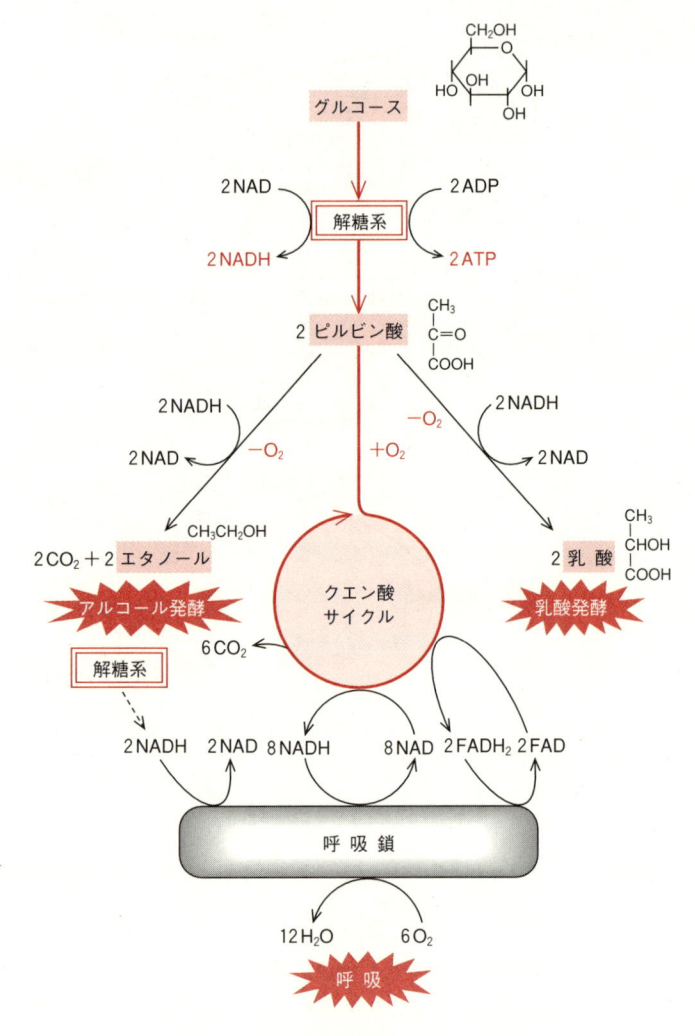

図 5・8 **中央代謝経路とエネルギーの流れ**

細胞，特定の動物細胞，さらにある種の細菌では，**ペントースリン酸経路**（pentose phosphate pathway，➡ 解説 5・2 参照）も恒常的に働いている．また，ある種の細菌では，解糖系の代わりにエントナー・ドゥドルフ経路（➡ コラム 5・2 参照）を使うものもいる．

コラム 5・1　パスツールとアルコール発酵

　ルイ・パスツール（Louis Pasteur）の名前は一度は聞いたことがあるだろう．彼は，もともと化学者で，結晶の偏旋光から化合物の光学異性体の存在を示した仕事で有名であった．のちのち，彼は"自然発生説"を完全に否定し，中世の流れをくむ非科学主義を完膚なきまでに打ちのめした微生物学者として有名になったが，この"自然発生説の否定"を導いたのが，**アルコール発酵**に関連する彼の一連の微生物についての研究であった．彼は，テンサイを利用するアルコール発酵工場での頼まれ仕事に手を出したことをきっかけに，1854 年から 1864 年にかけて，発酵が微生物の存在によってひき起こされることを明らかにすることに成功した（図 1・1, p.3 参照）．日本では，明治維新につながる動乱の時代である．彼は，顕微鏡を用いて，アルコール醸造槽を調べて行くうち，その発酵がうまくいくときには大きな球形をした細胞が見られるのに対し，失敗するときには小さな細い桿菌やもっと小さな短桿菌が見られることを発見した．これは，アルコール発酵における酵母の発見と同時に，乳酸発酵の乳酸菌，酢酸発酵の酢酸菌の発見につながった．彼の最も大きな貢献は，このアルコール発酵という生物学的現象が特定の微生物によってひき起こされ，その特定の微生物を添加すれば間違いなく同じ現象，**発酵**，が見られることを示したことである．そのことによって，発酵（代謝反応）が学問として成立することになったわけだが，彼はこの発酵現象が生きた酵母によって初めて可能となる純粋に生物学的な現象であると考え，酵素による化学反応によるものとは考えていなかったようである．本文で述べたように，酵母によるこのアルコール発酵がいくつもの酵素による連続した反応であり，酵母細胞がなくても，この反応が起こるという"生化学"が始まるのは，幸か不幸か，生物現象は生命によってのみ起こると信じていたパスツールの死後のことである．

　科学研究には，絶対的な到達点（真理）はなく，そのときそのときの科学の認識のレベルによって，得られている結果の解釈（科学的真理）は変わっていくものだということをよく示す事例といえる．詳しくは下記の本を読むことをお奨めする．

　［参考文献］丸山工作著，"生化学の夜明け —— 醗酵の謎を追って（中公新書 1125）"，中央公論社（1993）．

酸素存在下で好気的に生育するほとんどすべての生物は解糖系でグルコースからピルビン酸を生成し，酸素が十分存在すれば，ピルビン酸はさらにクエン酸サイクルで，CO_2 と水に完全に分解される．それに対して，好気性の生物でも酸素が十分に存在しないときや一部の嫌気性細菌では，解糖系によるピルビン酸の生成の後，それらは乳酸発酵によって，乳酸に変換される．この反応は，筋肉細胞や乳酸菌に

コラム5・2　エントナー・ドゥドルフ経路ともう一つの　アルコール発酵

　一般に日本では，アルコール発酵というと，パスツールの関係した酵母による発酵を考えるだろう．これは，ヨーロッパ世界を中心としたワインやビールなどと同様，日本のお酒が酵母によってつくられることと大きく関係していると思われる．しかし，熱帯世界であるアメリカ大陸中南部，東南アジアやアフリカなどでは一般にアルコール発酵は *Zymomonas* という細菌によって行われている．特に，メキシコの龍舌ラン(リュウゼツ)の汁からつくられるプルケというお酒やその蒸留酒であるテキーラが有名である．酵母のアルコール発酵では，本文に示したように，グルコースからピルビン酸まで解糖系（EMP 経路）を経て進行するが，この *Zymomonas* という細菌の場合，その経路が少々違っている．

　Zymomonas の代謝では，図に示すように，グルコースからグルコース6-リン酸までは解糖系と同じ反応であるが，その後，グルコース6-リン酸は2-ケト-3-デオキシ-6-ホスホグルコン酸になり，そこで開裂する．この開裂によって，いきなり1分子のピルビン酸が生成し，同時に生じたグリセルアルデヒド3-リン酸は解糖系とまったく同じ経路を経てピルビン酸になる．こうして，解糖系と同様に，1分子のグルコースから2分子のピルビン酸が生成される．この代謝経路は，研究者の名を取って，**エントナー・ドゥドルフ**（Entner-Doudoroff）**経路**（ED 経路）と名付けられている．このようにして生成されたピルビン酸がアルコールに変換される代謝経路は，酵母と同じくアセトアルデヒドを経て行われる．そのため，図でわかるように，2分子の ATP をつくる解糖系と違って，この ED 経路では，グルコース1分子から1分子の ATP しかつくられないことになる．

　そのため，エネルギー生成能の低い ED 経路では，アルコールをつくる反応速度が速いと予想される．このことは，アルコール発酵能力としては，この *Zymomonas* の方が酵母より優れていることを意味している．そのため，大量の燃料用アルコールをつくるには，こちらのシステムを利用したが適していると思われ，バイオマスを燃料用アルコールに変換するシステムとして盛んに研究されている．

典型的にみられる代謝である．一方，酵母やある種の細菌は，嫌気的な条件下で，ピルビン酸からエタノールと CO_2 とに分解する．しかし，ピルビン酸を乳酸に変換する乳酸菌やエタノールに変換する *Zymomonas* 菌のような菌は例外的で，多くの細菌（たとえば大腸菌など）では，乳酸，エタノール，酢酸，H_2，CO_2 などさまざまな有機酸とガスを発生する場合が普通である．

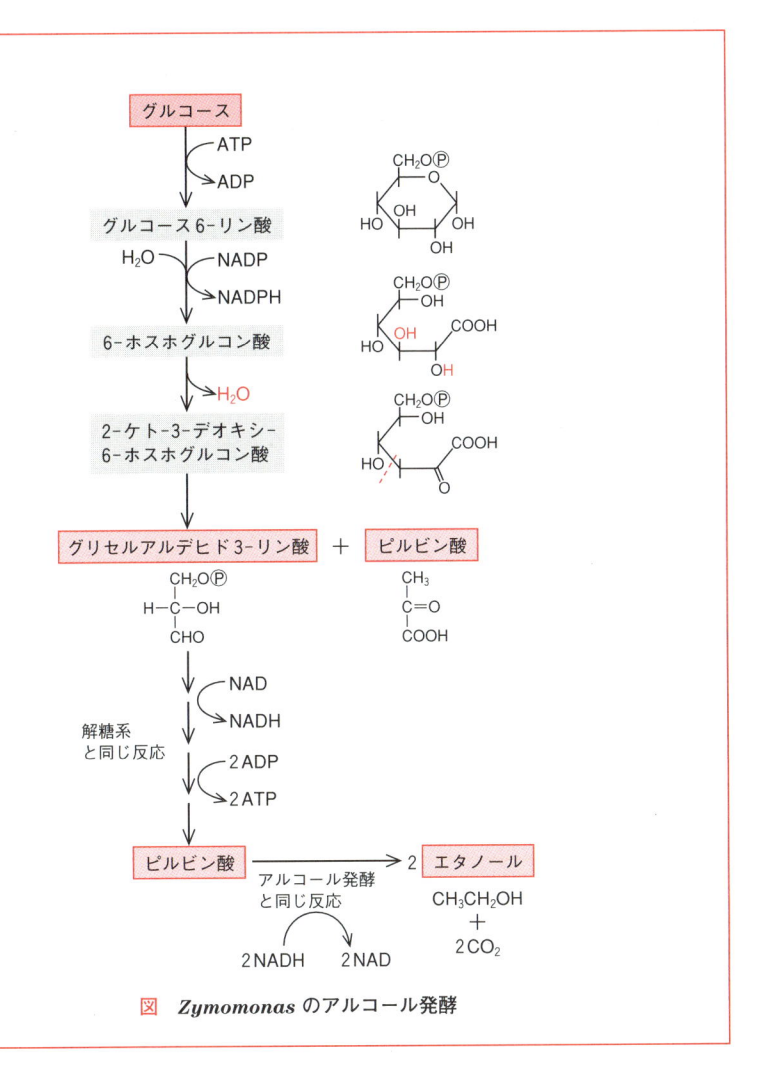

図　*Zymomonas* のアルコール発酵

5・2・2 異化代謝における ATP と NAD(P) の役割

図5・8に示すように，中央代謝経路でのエネルギーの流れを見てみると，2分子の ATP と2分子の NADH が解糖系で生成されている．ATP は生合成反応などの仕事をするために消費され，速やかに ADP に分解されるが，NADH は生合成反応にそれほど利用されるわけではないので，NADH は過剰になりやすく，逆に NAD は不足がちとなる．細胞内には，限られた量の NAD しかなく，解糖系の一つの酵素反応（グリセルアルデヒド-3-リン酸デヒドロゲナーゼ）がその反応に NAD を必要とするため，この NAD がある濃度以下になるとこの酵素反応が進まなくなり，結果として解糖系が進行しなくなる．酸素存在下では，呼吸によってこの NADH は速やかに酸化されて NAD に戻るようになるため，そのようなことは起こらない．酸素非存在下では（活発に活動している筋肉細胞などでも酸素不足で同じ状態になる），呼吸による NADH の再酸化ができなくなるため，解糖系で生成されたピルビン酸はそのままでとどまらず，乳酸やエタノールに転換もしくは分解される．これらの酵素反応が乳酸発酵もしくはアルコール発酵であり（図5・8），NADH を酸化して NAD にすることで，解糖系に NAD を供給し，結果として解糖系がスムースに流れるようにしている．

このように，中央代謝経路の流れにおいて ATP と NAD が重要な役割を果たしていることがうかがえる．ここで，これらの化合物の性質と役割について説明しておこう．ATP は上でも述べたように栄養源（より豊富な水素原子および電子をもつ）を異化分解するときに生じるエネルギーを媒介する化合物で，よく**高エネルギー化合物**とよばれる．一方，NAD は栄養源を異化分解するときに生じる**還元力**（ある意味では高エネルギー成分に変換できる）を他の化合物に伝える物質である．

ATP は，図5・9に示すような構造をしており，**アデノシン 5′-三リン酸**(Adenosine 5′-Tri Phosphate) からきた略称である．アデノシン部分はアデニンという塩基とリボースという五炭糖から成るいわゆるヌクレオシドであり，NAD も含め，さまざまな補酵素の基本骨格になっている．ATP は，その三つのリン酸基が中性では図のように解離して電荷をもっていて，相互に静電的な反発をしている．そのため，ATP のこのリン酸基間の結合は高いエネルギーをもっており，加水分解によって外側のリン酸基が外れると，1分子あたりおよそ−31 kJ（キロジュール）の熱量（エネルギー）が放出される．これは，標準状態の数値であって，実際の細胞内では，さまざまな要因のためもっと大きなエネルギー（−50〜65 kJ/mol）が放出されるとみなされている．そのため，ATP は高エネルギー化合物とよばれ，

5・2 異化代謝とエネルギー生成　　　　　　　　　　　　　117

さまざまな生合成反応のエネルギー源となる．第4章で説明したように，ADPとリン酸（P_i）からのATPの合成には大きなエネルギー（プロトン駆動力）を必要

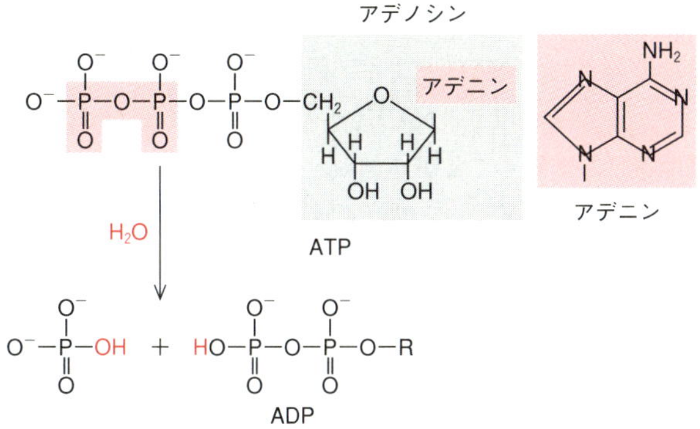

図 5・9　ATP の 構 造

とする．細胞内には，ホスホエノールピルビン酸（およそ$-62\,\text{kJ/mol}$）や1,3-ビスホスホグリセリン酸（およそ$-50\,\text{kJ/mol}$）のようにATPよりも高いエネルギーをもつ化合物があり，これらは後述するように，ATPの合成反応に使われる．

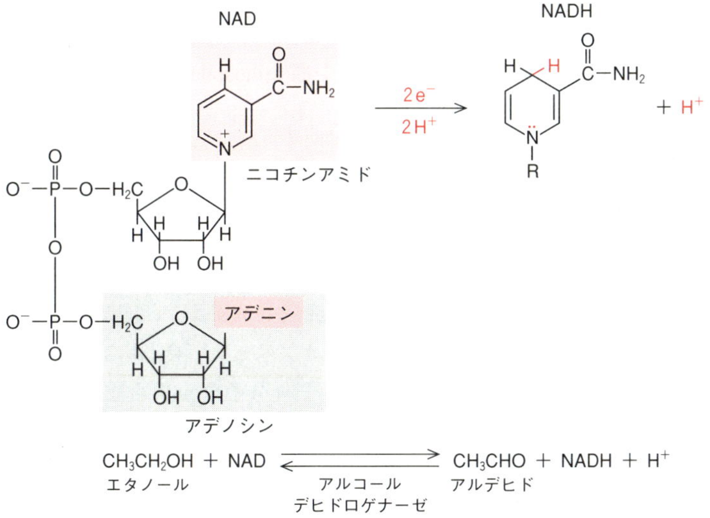

図 5・10　NAD の構造とその補酵素としての働き

一方，NADも，図5・10に示すように，アデノシンと二つのリン酸基まではATPと同じ構造をもっているが，そのリン酸基にリボースがつながり，そのリボースにアデノシンのアデニンの代わりにニコチンアミドがついた構造をしている．この化合物は，**ニコチンアミドアデニンジヌクレオチド**（**N**icotinamide **A**denine **D**inucleotide）とよばれ，その略称として **NAD** とよぶ．図5・10に示すように，NADは二つの電子と一つのプロトンを受取り，NADHへと変換することができるので，酸化・還元反応の補酵素として働くことができる．そのため，200種以上もの酸化還元反応をつかさどる酵素の補酵素として働いている．これらの酵素はさまざまな基質から二つのプロトンと二つの電子を引抜く（H_2を引抜くに等しい）ので脱水素酵素（デヒドロゲナーゼ）とよばれる．図5・10の下に示されているのは，その代表的な反応で，アルコールデヒドロゲナーゼによるエタノールからアセトアルデヒドの生成反応におけるNADの役割を示している．

5・2・3　発酵によるATPの合成: 基質レベルのリン酸化を行う三つの酵素反応

ATPの合成は，そのほとんどが，第4章で述べたように，ATP合成酵素によってプロトン駆動力をエネルギー源として行われる．しかし，発酵の過程では，ATP合成酵素の関与しないATP合成が行われる．それは，基質であるリン酸化合物から直接ADPへリン酸基が移されるので，**基質レベルのリン酸化**といわれる．上述した高エネルギー化合物である **1,3-ビスホスホグリセリン酸**（1,3-bisphosphoglyceric acid）および**ホスホエノールピルビン酸**（phosphoenolpyruvic acid）が解糖系におけるこのリン酸化合物である．図5・11に示すように，基質である1,3-ビスホスホグリセリン酸もしくはホスホエノールピルビン酸からADPへのリン酸基の移動が起こり，それぞれ3-ホスホグリセリン酸とピルビン酸を生じる反応である．これらの反応では，ATP合成酵素のように遊離のP_iがADPに結合するのではなく，基質に結合しているリン酸基がADPへ直接移されて，ADPのリン酸化を行う．この二つの反応で，解糖系は2分子のATPを合成することになるが，グルコース1分子あたりでは，2分子の1,3-ビスホスホグリセリン酸とホスホエノールピルビン酸によるリン酸化反応が起こるので，合計4分子のATP合成となる．実際上は，それよりも前の反応（詳しくは➡解説5・1参照）で2分子のATPが消費されているため，解糖系全体では2分子のATPが生成されることになる．

発酵において，この基質レベルのリン酸化を行う重要な酵素反応がもう一つ存在する．それは，高等生物ではなく，いくつかの細菌においてみられる反応である．

5・2 異化代謝とエネルギー生成   119

つまり，図5・11に示されている**アセチルリン酸**から酢酸を生成する反応である．このアセチルリン酸もその加水分解によって熱量（およそ $-43\,\mathrm{kJ/mol}$）を放出できる高エネルギー化合物である．これら発酵過程とは別に，筋肉や神経細胞では，

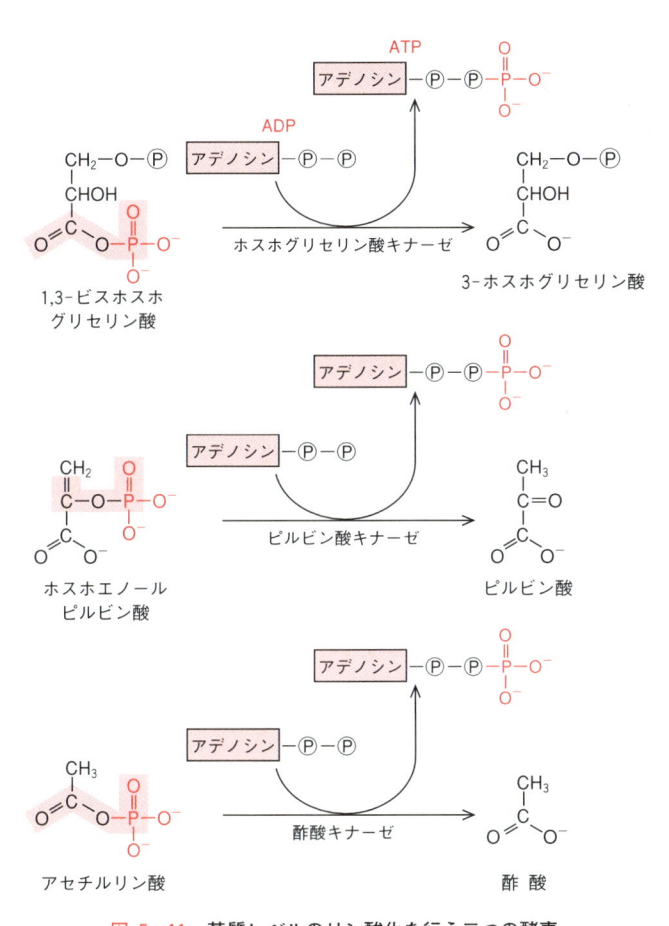

図 5・11　基質レベルのリン酸化を行う三つの酵素

ホスホクレアチンとよばれる高エネルギー化合物（その分解によってアセチルリン酸とほぼ同じ熱量を発生する）を蓄積していて，細胞内のATP濃度が低下したときに，このホスホクレアチンから P_i を ADP に移して速やかに ATP を再生できるようにしている．この反応も基質レベルのリン酸化と考えることができる．

5・2・4　クエン酸サイクルと呼吸によるエネルギー生成

　酸素存在下では，ピルビン酸は乳酸，あるいはアルコールに変換されてNADHの再酸化に働くのではなく，直接クエン酸サイクルに流入し，逆に多量のNADHを生成するようになる（図5・8）．それは，酸素が十分供給されると，酸素に電子を流すことができる**呼吸鎖**（respiratory chain）が機能するようになり，この呼吸鎖がNADHをほぼ無制限にNADに酸化できるようになるからである（第4章§4・3・2参照）．NADHが十分に酸化されるようになると，なぜクエン酸サイクルが機能するようになるのだろうか．クエン酸サイクルでは，図5・12に示すように，ピルビン酸以降の四つの酵素反応（➡ 解説5・1参照）がNADを還元して多量のNADH，つまり8分子のNADH，をつくるため，NADHのNADへの変換反応が働かないかぎり機能することができない．そのため，NADHの酸化を強力に進める呼吸が機能するようになって初めて，クエン酸サイクルは稼働することができることになるのである．実際には，NADHの酸化に加えて，クエン酸サイクルのもう一つの酵素反応で**フラビンアデニンジヌクレオチド**（Flavin Adenine Dinucleotide；**FAD**）という補酵素が還元され，呼吸鎖に電子を流している．

　このようにして，解糖系で生じた2分子のNADHを含め，すべてのNADHはこの呼吸鎖を介して酸素に電子を流すことになる．そのため，酸素存在下での，このようなグルコースの異化代謝は実際上は大きく二つの反応系が共役して機能していると考えるべきであろう．

　一つの反応系は，いわゆる中央代謝経路で，1分子のグルコースから2分子のピルビン酸を生じる解糖系と，クエン酸サイクルによるこの2分子のピルビン酸の全部で6分子のCO_2への酸化分解（**異化反応**）である．しかし，この反応では，まったく酸素の消費はない〔次ページに示す反応式(5・1)〕．この反応系の酵素はすべて，細菌では細胞膜に囲まれた細胞質中に，高等生物（真核生物）では細胞質（解糖系）とミトコンドリアのマトリックスとよばれる内部の溶液中（クエン酸サイクル）に溶けて存在している（第4章§4・3・2参照）．

　もう一つの反応系が**呼吸反応**であり，反応式(5・1)で生じたNADH（+$FADH_2$）から電子を酸素まで流す反応を行い，電子を受取った酸素はプロトン（H^+）と反応してH_2Oに還元される．この電子伝達反応とよばれる電子の移動反応は，基本的には細胞膜に埋込まれた酵素と低分子成分（**ユビキノン**）によって行われる．この反応はすべて，細菌では細胞を囲む細胞膜に，真核生物ではミトコンドリアの内膜とよばれる膜上で行われる（第4章§4・3・2参照）．このようにして，反応式(5・

5・2 異化代謝とエネルギー生成

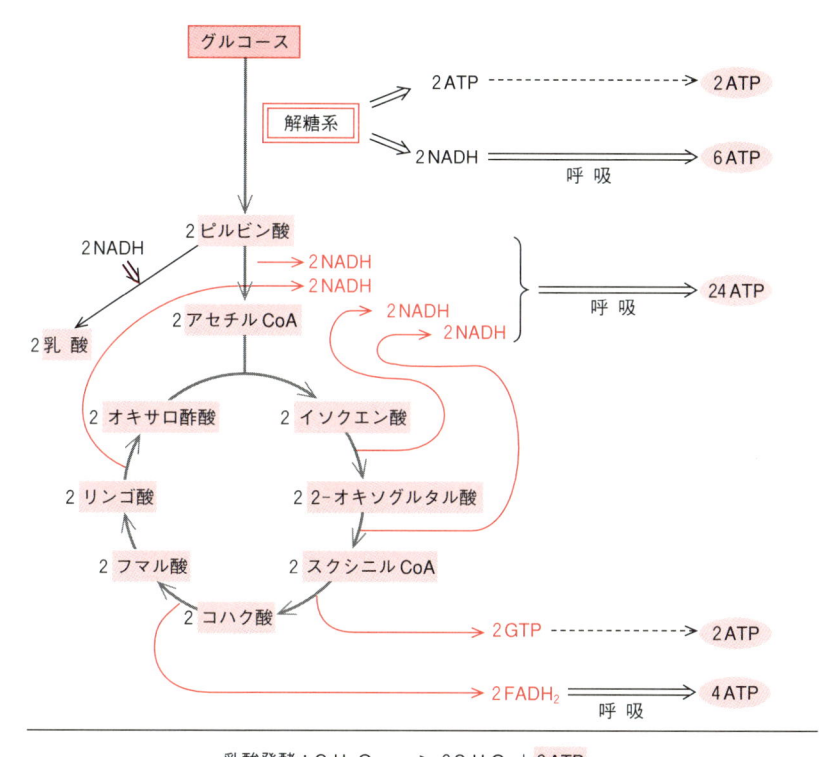

```
グルコース
   │
   ▼ 解糖系 ══▶ 2ATP ----------▶ 2ATP
            ══▶ 2NADH ═══════▶ 6ATP
                        呼吸
   │
   ▼
2ピルビン酸
   │    2NADH
   │ ↘       → 2NADH
2乳酸       → 2NADH ─┐
          2アセチルCoA │
                    → 2NADH ├═══▶ 24ATP
                    → 2NADH ┘ 呼吸
2オキサロ酢酸  2イソクエン酸
2リンゴ酸   2 2-オキソグルタル酸
2フマル酸   2スクシニルCoA
   2コハク酸
        → 2GTP ----------▶ 2ATP
        → 2FADH₂ ═══════▶ 4ATP
                    呼吸
```

$$\text{乳酸発酵}: C_6H_{12}O_6 \longrightarrow 2C_3H_6O_3 + 2\text{ATP}$$
$$30.5 \times 2 = 61 \text{ kJ}$$

$$\text{呼吸}: C_6H_{12}O_6 + 6O_2 \longrightarrow 6CO_2 + 6H_2O + 38\text{ATP}$$
$$30.5 \times 38 = 1159 \text{ kJ}$$

図 5・12 グルコースの解糖系，クエン酸サイクル，呼吸によるエネルギー生成

2) に相当する反応をすることになる．そのため，結果的には，反応式 (5・1) と反応式 (5・2) とを相殺して，グルコース1分子が6分子の酸素と反応して6分子の

$$C_6H_{12}O_6 + 6H_2O + 10\text{NAD} + 2\text{FAD} \longrightarrow$$
$$6CO_2 + 10\text{NADH} + 2\text{FADH}_2 \qquad (5・1)$$
$$10\text{NADH} + 2\text{FADH}_2 + 6O_2 \longrightarrow 10\text{NAD} + 2\text{FAD} + 12H_2O \qquad (5・2)$$
$$C_6H_{12}O_6 + 6O_2 \longrightarrow 6CO_2 + 6H_2O \qquad (5・3)$$

CO_2 と 6 分子の H_2O になる反応〔反応式 (5・3)〕が起こることになる.

このグルコースの酸素との反応は，非生物反応では，**燃焼**とよばれる化学反応であり，理論的には $-2840\ kJ/mol$ のエネルギー（熱量）を生成することが知られている．それでは，解糖系，クエン酸サイクル，呼吸を介して行う生物反応でのグルコースと酸素の反応では，どれだけのエネルギーを生成することになるのだろうか．

酸素非存在下の発酵では，先ほど示したように，グルコース 1 分子から 2 分子の ATP が生成される．一方，呼吸反応を伴う場合は，解糖系で生じる 2 分子の ATP に加えて，呼吸によって 10 分子の NADH と 2 分子のコハク酸（$FADH_2$）が酸化される．これらの NADH やコハク酸の酸化によってプロトン駆動力が生まれ，ATP 合成酵素による ATP の生成がひき起こされる．第 4 章でみたように，NADH の酸化は 3 分子の ATP を，コハク酸の酸化は 2 分子の ATP を生み出す*ので，グルコース 1 分子から呼吸によるプロトン駆動力と ATP 合成酵素を介して，34 分子の ATP が生成されることになる．実際には，このほかに，クエン酸サイクルのスクシニル CoA からコハク酸への反応において，GDP から GTP が生成される．この GTP はエネルギー的に ATP と等価であるので，グルコース 1 分子あたり，この反応で 2 分子の ATP が生成されるに等しい．そこで，解糖系，呼吸，そしてこのクエン酸サイクルのすべての ATP 生成量は合わせると 38 分子となる．図 5・12 に，これらの収支を示した．このように，好気的代謝は嫌気的代謝の 19 倍もの ATP を 1 分子のグルコースから生成できることになる．先に示したように，ATP 1 分子は $-30.5\ kJ$ の熱量を生成するので，理論的には，発酵では $-61\ kJ$ の，呼吸では $-1159\ kJ$ の熱量を生成することになる．この値は，先ほどのグルコース燃焼の理論値と比べておよそ 40 % という非常によい効率であることがわかる．

---

* ミトコンドリアを用いた実測値では，NADH の酸化に伴う ATP 合成量は 3 ではなく 2.5，またコハク酸の酸化による ATP 合成量は 2 ではなく 1.5 に近い値であると報告されており，その値を用いた教科書も多く見られる．しかし，実験においては，これらの数値はミトコンドリアの外液で測定されるため，ATP 合成のための ADP と P_i のミトコンドリア内への取込みと合成された ATP の排出のためのエネルギー消費を伴っている（これらの輸送反応には，膜電位を利用する ADP/ATP 交換輸送体とプロトン駆動力で稼働される P_i 輸送体が働いている）．そのため，呼吸によって生成されたプロトン駆動力は，一部この輸送反応に回されるため，ATP 合成に利用される割合が低くなることになる．ここでは，呼吸で形成されるプロトン駆動力がすべて ATP 合成に回された場合の理論的な値を使って説明している．

5・3 生合成反応とエネルギー消費
5・3・1 栄養源の取込み

前節（§5・2・1）でふれたように，デンプンとかタンパク質のような高分子の栄養源は細胞外で酵素の働きによって，低分子に分解された後，細胞内に取込まれ，代謝される．この栄養源の取込みは，通常細胞膜上に存在する**輸送タンパク質**（transport protein）を必要とする反応である．それは，細胞膜が脂溶性のリン脂質でできていて，水溶性の低分子や高分子成分が流通できないようにできているからである．細胞膜のこの性質は，細胞内に栄養源や代謝成分，さらにはそれらを代謝する酵素を高濃度に維持するために必須の性質である．そのため，細胞外からの栄養源は通常では簡単に細胞膜を通して行き来できないようになっている．もちろん例外はある．それは，酢酸（イオン化していない場合）のような脂溶性の低分子成分である．これらの分子は，脂溶性で細胞膜のリン脂質に溶け込む性質があるため，膜を比較的自由に通ることが可能である（たとえば，非イオン化酢酸は標準的な細胞膜を1秒間に12,500分子通過できる）．しかし，通常の糖やアミノ酸のような栄養源，さらに強い電荷をもったナトリウムやカリウムのようなイオン（プロトンさえも）も容易に膜を通過することができない．たとえば，グルコースで1秒間に通過できる分子が0.04分子，ナトリウムイオンに至ってはその10^{-5}のオーダーでほとんど通過できないと考えられる．先にも述べたように，細胞内での酵素は1秒間に数百分子の基質と反応できるので，グルコースのような遅い通過速度では細胞内の代謝に致命的な影響が出ることになる．そのため，これらの栄養基質を運ぶため，細胞膜にはそれぞれの分子に対応する特異的な輸送タンパク質が存在して，これらの細胞内への迅速な取込みを可能にしている．

これらの輸送タンパク質が，基質分子を細胞内へ高濃度に蓄積するためには，何らかのエネルギーを必要とする．もしそのようなエネルギーがなければ，高濃度に蓄積された分子は逆にその輸送タンパク質を介して細胞外へ流失してしまう．ただ，赤血球膜の**グルコース輸送タンパク質**のように，血液中に高濃度のグルコースが存在しており，その濃度に沿って，つまり外部と同じ濃度まで，赤血球内にグルコースを取込むような輸送タンパク質の場合はエネルギーを必要としない（図5・13）．一方，細胞内に高濃度に基質を蓄積できる輸送タンパク質の場合は，第4章で述べたようなプロトン駆動力かATPをそのエネルギー源として用いる．ここでは，一つずつ代表的な例をあげるにとどめよう．プロトン駆動力を用いる輸送タンパク質としてよく研究されているのは，大腸菌の**ラクトース輸送タンパク質**である（図

5・13）．この場合，細胞外の低濃度のラクトースを呼吸などで形成されたプロトン駆動力（細胞外の高濃度のプロトン）を利用して，ラクトースとプロトンが1：1の割合で取込まれる．このようにして，この輸送タンパク質はラクトースを細胞内

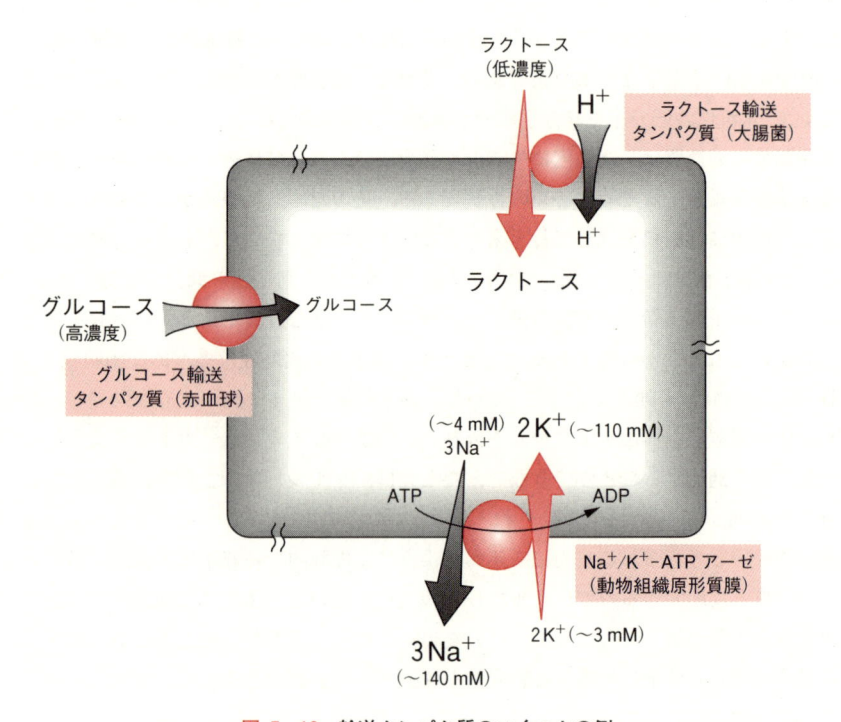

図 5・13　輸送タンパク質のいくつかの例

に外部の 1000 倍程度まで蓄積することが可能である．もう一つの例は，動物の細胞膜上に存在して，細胞内の Na^+ と K^+ の濃度を調節しているいわゆる **Na^+/K^+-ATP アーゼ**で，Na^+ と K^+ の交換を行う輸送タンパク質である（図5・13）．この場合，ATPがそのエネルギー源として用いられていて，ATPによってタンパク質の構造変化をひき起こし，その構造変化に基づいて細胞内の Na^+ を3分子ほど高濃度の Na^+ が存在する細胞外へ排出し，同時に細胞外の K^+ 2分子を高濃度の K^+ が存在する細胞内に取込む反応を行う．このようにして，細胞内の K^+ 濃度を高く，細胞外（血液中）の Na^+ 濃度を高く，ほぼ30倍の濃度差を維持するように働いている．

5・3・2 中央代謝経路と細胞成分前駆体の生合成反応

このようにして，細胞内に取込まれた栄養源は，基本的には上で述べられた異化代謝によってエネルギー生成に利用される．しかし，動物をはじめとする従属栄養型生物では，後で述べる独立栄養型の生物と違って，異化代謝の最終産物である CO_2 から生体成分をつくることができない．そのため，生育に必要な生体成分の合成には，取込まれた栄養源だけでなく，異化代謝の中間代謝物を用いる必要がある．そこで，中央代謝経路は単に異化代謝によるエネルギー生成反応だけでなく，生体成分の**生合成のための前駆体**を供給するために必要となる．**生体成分**とは，補酵素などを除くと，細胞の構造（リン脂質，多糖，タンパク質）や機能（核酸やタンパク質）をかたちづくるのに必要な生体高分子化合物である．これらの生合成には多大なエネルギーが，**ATP** もしくは **NAD(P)H** として供給される．

グリコーゲンなどの多糖を合成するためには，細胞に取込まれたグルコースが高濃度存在する場合は，ATP を利用してグルコース 6-リン酸となり，さらにグルコース 1-リン酸を介して，それが UTP を利用して UDP グルコースとなり，それが重合してグルコースのポリマーであるグリコーゲンが生成される．つまり，1 分子のグルコースが重合するために，1 分子の ATP と 1 分子の UTP が消費されることになる（図 5・14）．また，利用できる栄養源がグルコースでなく，乳酸やアミノ酸のような場合は，**糖新生**（gluconeogenesis）によって，これらの成分がまずグルコース 6-リン酸に転換されてから，グリコーゲンに合成されることになる．この場合，乳酸はピルビン酸を経てオキサロ酢酸に，アミノ酸はクエン酸サイクルを介してオキサロ酢酸になってから，オキサロ酢酸は GTP を消費してホスホエノールピルビン酸に転換されて解糖系を逆にさかのぼってグルコース 6-リン酸に至り，UDP グルコースを介してグリコーゲンが生成される（図 5・14）．そのため，2 分子のピルビン酸から 1 分子のグルコース 1-リン酸を介してのグリコーゲンの生成は，さらに 2ATP + 2GTP + 2ATP + 2NADH のエネルギーが必要となる．

一方，細胞膜を形成するリン脂質の合成には，アセチル CoA を前駆体として，アセチル基の C_2 がつぎつぎと伸びてアシル CoA が合成される（図 5・14）．その際，C_2 単位ごとに 1 分子の ATP と 2 分子の NADPH が消費される．このアシル CoA がグリセロール 3-リン酸に 2 分子結合してホスファチジン酸となり，CTP を利用して CDP ジアシルグリセロールを介してリン脂質が合成されていく．

また，各種アミノ酸は中央代謝経路のピルビン酸，2-オキソグルタル酸，オキサロ酢酸を介して生合成される（図 5・14）．このようにして生合成されたアミノ酸，

コラム5・3　結核菌とグリオキシル酸サイクル

　植物や多くの微生物においては，酢酸や脂肪酸の代謝のために，クエン酸サイクルに加えて，**グリオキシル酸サイクル**が働いている．酢酸も脂肪酸もアセチル CoA に変換されて，クエン酸サイクルに流入することになるが，このアセチル CoA がクエン酸サイクルに流入するためには，オキサロ酢酸が供給されなければならない（図）．しかし，酢酸や脂肪酸から供給されたアセチル CoA はクエン酸サイクルを回るとき，含まれている二つの炭素（C_2）は2分子の CO_2 として放出されてしまうため，オキサロ酢酸の供給が止まってしまう．そこで，通常，糖をクエン酸サイクルを介して好気的に代謝するには，クエン酸サイクルを効率よく回すため，糖の一部が解糖系の中間体であるホスホエノールピルビン酸やピルビン酸から直接（クエン酸サイクルをバイパスして）オキサロ酢酸を供給している（図）．しかし，酢酸や脂肪酸の代謝分解の際には，このようなオキサロ酢酸の供給ができないため，グリオキシル酸サイクルの稼働が必要となる．この経路では，クエン酸サイクルの途中でイソクエン酸がコハク酸とグリオキシル酸に分解され，生じたグリオキシル酸はもう1分子のアセチル CoA と反応して，リンゴ酸になり，ひき続きオキサロ酢酸に変換される．そのため，このグリオキシル酸サイクルが稼働すると，CO_2 は発生せず，オキサロ酢酸を供給することになるため，経路は連続的に回ることが可能となる．この経路では，リンゴ酸からオキサロ酢酸の生成段階以外に酸化還元反応がなく，クエン酸サイクルに比べて，著しくエネルギーの生成は低下することになる．しかし，反応の生成物としてコハク酸が蓄積することになり，これは通常糖新生に，つまり脂質からの炭水化物の変換に使われることになる．

　最近，このグリオキシル酸サイクルの稼働は，結核菌が動物体内で潜伏するために必須であるという報告が出された〔J. D. McKinney *et al. Nature* (London), **406**, 735 (2000)〕．結核菌は感染すると，急性発症しないときは，肺のマクロファージ内に取込まれ，その中で封じ込められてしまう．しかし，結核菌はその中で潜伏し，慢性結核へと移行できる．このマクロファージ内での潜伏に，グリオキシル酸サイクルが重要であることが示されたわけである．このグリオキシル酸サイクルの主要酵素である**イソクエン酸リアーゼ**を遺伝子レベルで破壊した結核菌は，急性感染時やその他の生育には何ら影響を受けないにもかかわらず，このマクロファージ内での潜伏能力を失い，その免疫系で殺されてしまう．マクロファージ内は，炭水化物が乏しく脂質に富んでいるため，グリオキシル酸サイクルが稼働することによって初めて，結核菌はその脂質を利用しながらマクロファージの免疫系の攻撃に耐えて生存することが可能になると思われる．結核菌は非常に厚い細胞壁をもっており，その細胞壁の合成に多量の炭水化物を必要とする．そのため，グリオキシル酸サイクルを介する糖新生がマクロファージ内での免疫系の攻撃に耐えうる厚い細胞壁の

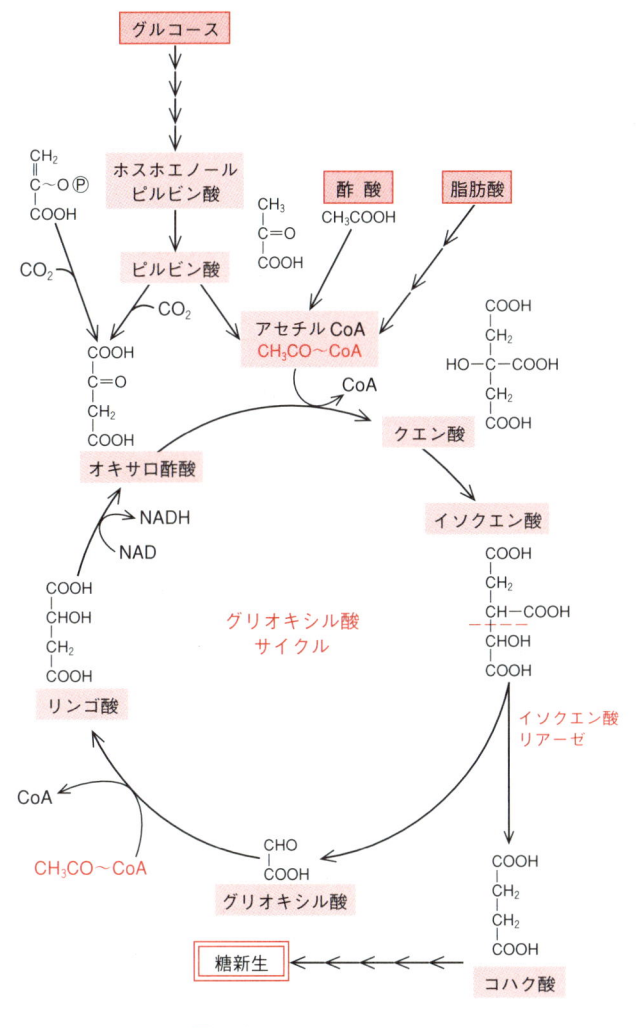

図　グリオキシル酸サイクル

合成を結核菌に可能にしているとも考えられる．
　慢性結核の結核菌は抗生物質などの薬剤が効きにくく，慢性結核の撲滅を非常に困難にしている．そのため，この研究結果は，その撲滅に，グリオキシル酸サイクルの遮断が有効であることを示している．現在，グリオキシル酸サイクルの鍵酵素であるイソクエン酸リアーゼの反応阻害を起こす薬剤の開発が急がれている．

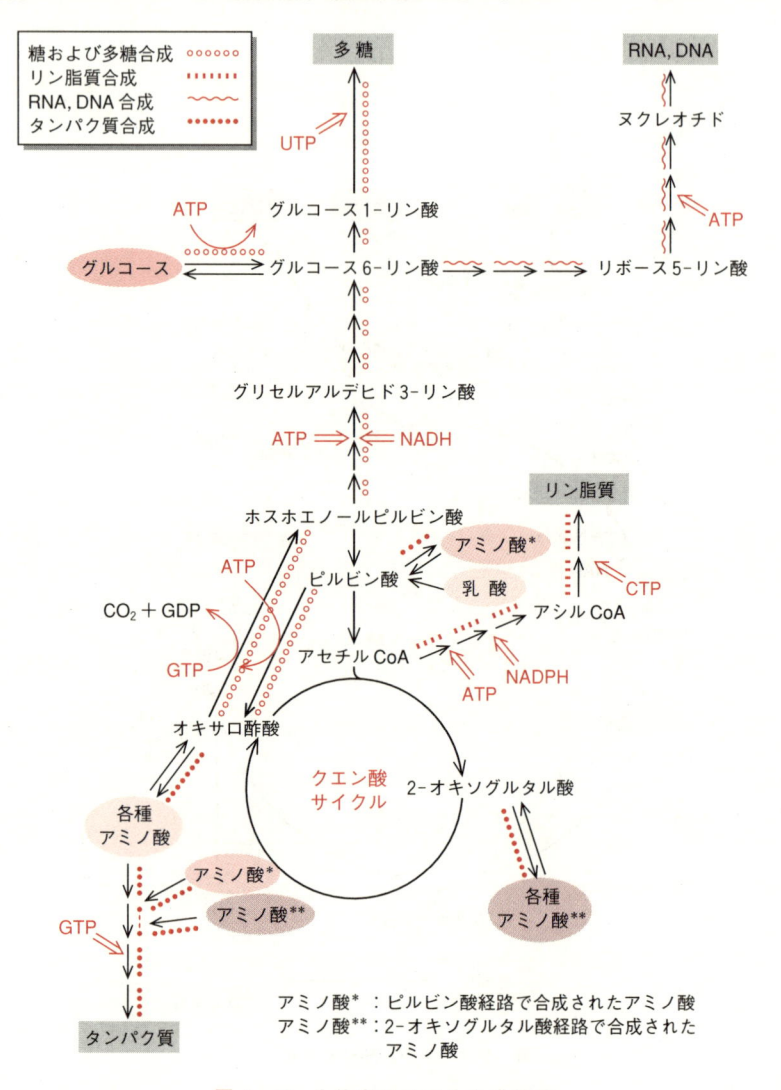

128　　　　　5. 物質代謝，細胞増殖と生物エネルギー

図 5・14　生体高分子の生合成経路

さらには細胞内に取込まれたアミノ酸 20 種類を直接の前駆体としてタンパク質はリボソーム上で合成される．§3・9で説明したように，タンパク質の合成では，1分子のアミノ酸がペプチド鎖につながれるごとに2分子の GTP が消費される．核酸の合成も，その前駆体はペントースリン酸経路のリボース 5-リン酸からヌクレ

5・3 生合成反応とエネルギー消費

オチドが合成される．このヌクレオチドの合成には，多量のATPが消費される．合成されたヌクレオチドはすでに第3章で説明したように，RNAポリメラーゼによってRNAの合成，さらにデオキシヌクレオチドからDNAポリメラーゼでDNAに合成される．この合成はヌクレオチドに含まれる高エネルギー結合が利用されるので，新たなエネルギー消費はない．

5・3・3 二酸化炭素から糖へ（炭酸固定反応）

植物や微生物の中でも光や無機化合物からエネルギーを獲得することができる一群を独立栄養型生物（第4章参照）といい，これらの生物はCO_2から生体成分を

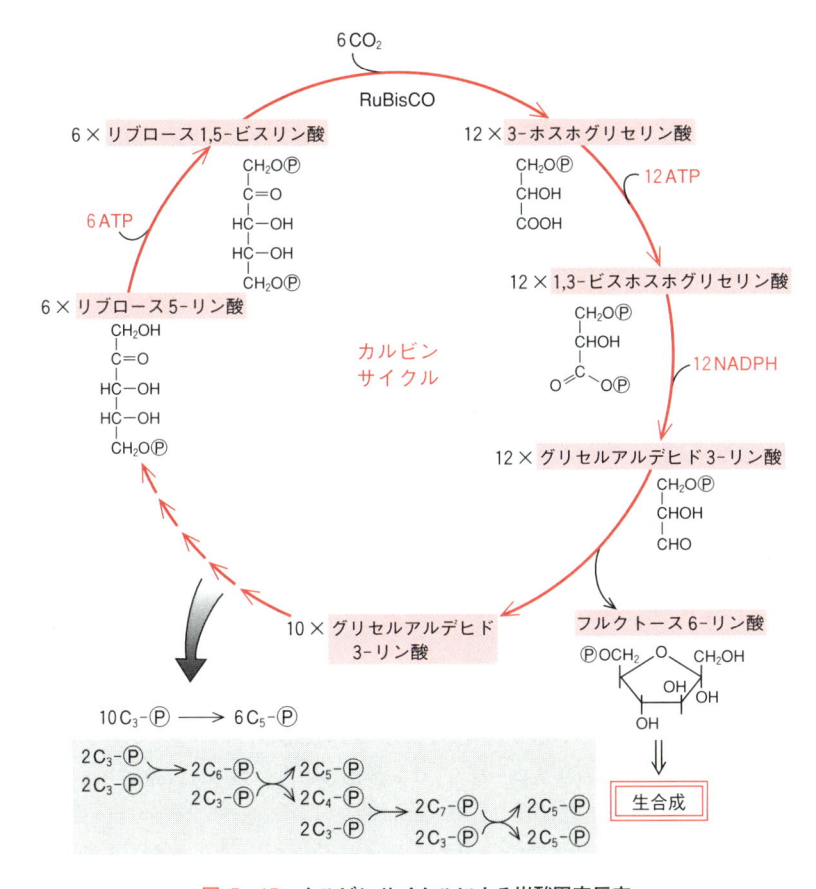

図 5・15 カルビンサイクルによる炭酸固定反応

つくることができる．この反応を**炭酸固定反応**といい，同化代謝の最も重要な反応の一つである．それは，基本的にはこの同化反応によってつくられた栄養源によってその他の従属栄養型の生物も生育することが可能となるからである．

　この炭酸固定反応は，進化上古い微生物に属する一部の独立栄養微生物を除いて，**カルビンサイクル**（Calvin cycle）によって行われる（図5・15）．この名前もこのサイクルの発見者にちなんでつけられているが，もう1人の研究者の名前も入れて，カルビン・ベンソン（Calvin-Benson）サイクルともよばれる．この反応の中心をなすのはリブロース1,5-ビスリン酸にCO_2を結合させる**リブロース-ビスリン酸カルボキシラーゼ**であり，この酵素は**RuBisCo**（**R**ibulose-**Bis**phosphate **C**arb**o**xylase）と略してよばれている．この反応で生じたC_6の中間体は非常に不安定なため，反応後加水分解されて，3-ホスホグリセリン酸を2分子生じる．このCO_2取込み反応の前に，リブロース5-リン酸をリブロース1,5-ビスリン酸に活性化する必要があり，そのためにATPが消費される．また，その後の生合成反応の進行のためには，反応生成物の3-ホスホグリセリン酸は活性なグリセルアルデヒド3-リン酸に変換される必要がある．これは，ちょうど解糖系でエネルギーを生みだす反応の逆反応（➡ 解説5・1参照）になる．つまり，3-ホスホグリセリン酸はATPを消費して，1,3-ビスホスホグリセリン酸となり，それがNADPHを消費して，グリセルアルデヒド3-リン酸に転換される．こうして生成されたグリセルアルデヒド3-リン酸2分子は，これも解糖系の逆反応で，フルクトース6-リン酸に縮合され，さまざまな生合成反応に回されることになる．

　しかしながら，このサイクルが順調に回転するためには，単にC_5のリブロース1,5-ビスリン酸にCO_2が入って，C_6のフルクトース6-リン酸が生成されるだけではいけない．それは，この反応を続けるために，新たにCO_2の受け皿となるリブロース5-リン酸が再生されなければならないからである．そのため，このサイクルは，図5・15に示すように，生成されるグリセルアルデヒド3-リン酸の6分の5をリブロース5-リン酸の再生に回さなければならない．図中左下に，複雑な反応の概念だけを概略図で示したが，10分子のグリセルアルデヒド3-リン酸から6分子のリブロース5-リン酸が再生される．この反応は，ペントースリン酸経路（➡ 解説5・2参照）でのリブロース5-リン酸からの再生系のほぼ逆回りと考えてよい．

　図5・15から明らかなように，カルビンサイクルでは，6分子のCO_2が取込まれて，1分子のフルクトース6-リン酸が生成される．その間に，18分子のATPと

12分子のNADPHが消費されることになり,反応系全体の反応式は以下のように表される.

$$6\,CO_2 + 12\,NADPH + 18\,ATP \longrightarrow$$
$$C_6H_{12}O_6(PO_3H_2) + 12\,NADP + 18\,ADP + 17\,P_i \quad (5\cdot4)$$

5・3・4 窒素固定反応

生物の体内で行われる同化反応の一つで,忘れてはならない重要な反応がある.それは,**窒素固定反応**で,空気中 N_2 をアンモニアに変換して,生物の利用可能な窒素源にする反応である.この反応は,もちろん,高等生物である動植物では行うことができないが,一部の細菌にみられる生態学的に重要な反応で,植物を介して動物にも利用される窒素源を供給している.この反応を行う細菌としては,植物の根に根粒を形成し,その中でバクテロイドとして窒素固定を行う根粒菌(たとえば,*Rhizobium* 菌)と,植物とは独立して自由生活をしている好気性菌(たとえば,*Azotobacter* 菌),嫌気性菌(たとえば,*Clostridium* 菌)そして光合成細菌(たとえば,シアノバクテリア)などがある.

この窒素固定は,これまで述べてきた多くの同化反応に比べると,比較的簡単な酵素反応であって,基本的には**ニトロゲナーゼ**(nitrogenase)という単一の酵素複合体によって行われる.この反応は,

$$N_2 + 8\,H^+ + 8\,e^- \longrightarrow 2\,NH_3 + H_2 \quad (5\cdot5)$$

の反応式で示される簡単なものであるが,実際には,N_2 はエネルギー的に非常に安定な構造($N\equiv N$)をしており,この三重結合を壊して還元するには,非常に多くのエネルギーが必要である.図5・16に示されるように,非常の多くの還元力が**フェレドキシン**(あるいはフラボドキシン)を介して酵素に渡されるが,これらの還元力は呼吸鎖,NADPH,あるいはピルビン酸からアセチルCoAへの変換反応から導き出される.この還元力は酵素複合体のジニトロゲナーゼ還元酵素(NifH)によってジニトロゲナーゼ(NifDK)に渡されるが,その際,電子伝達のエネルギー源として一つの電子を渡すのに少なくとも2分子のATPがそのタンパク質の構造変化のために消費される.ジニトロゲナーゼはその電子を受取り,プロトンを使って,N_2 を段階的に還元していく.その際,余分の H_2 を放出するが,そのエネルギー的根拠はわかっていない.

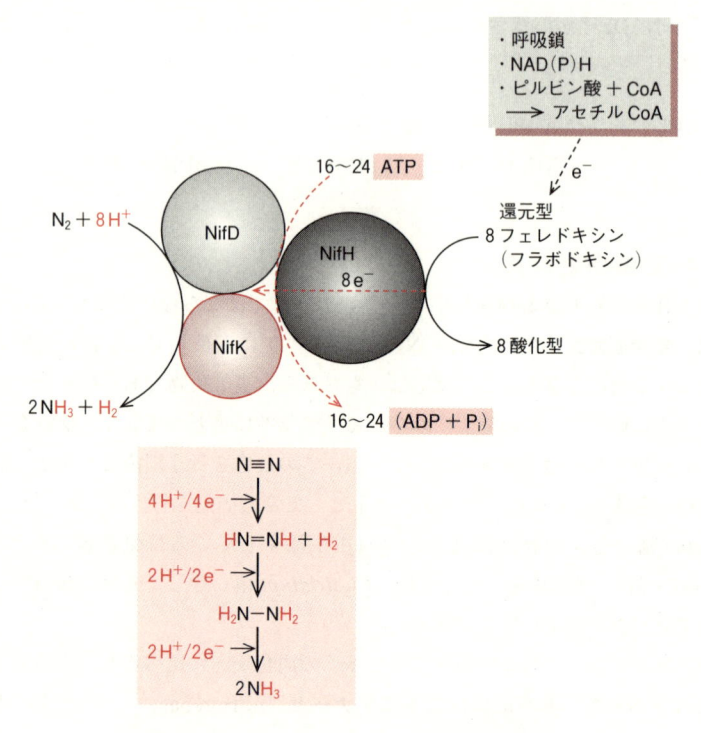

図 5・16　ニトロゲナーゼによる窒素固定反応

　いずれにしても，この窒素固定反応では，1分子の N_2 を2分子のアンモニアとして固定するために，8電子の還元力と 16〜24 分子の ATP を消費する．上述の CO_2 固定が1分子あたり2分子の NADPH（4電子の還元力）と3分子の ATP を消費するのと対比したとき，窒素固定がいかに多量のエネルギーを必要とするかがわかるであろう．

5・4　細胞増殖とエネルギー代謝

　細胞の増殖は，前項（§5・3・2）で述べた，細胞の構造（リン脂質，多糖，タンパク質）や機能（DNA/RNA や酵素タンパク質）をかたちづくるのに必要な生体高分子化合物の生合成を前提としている．この生合成に，多大なエネルギーが消費されることはすでに述べた．しかしながら，細胞増殖には，それらの生合成反応に加えて，1) 合成された生体高分子のいくつかの細胞の表層や細胞外への輸送，2)

5・4 細胞増殖とエネルギー代謝

生合成されたタンパク質の正しい構造への折りたたみやその構造維持，3）遺伝子DNAの修復や不用タンパク質の処分，4）外界および他の組織・細胞からの情報の細胞内への伝達，5）細胞分裂に伴う細胞内組織の構築と移動（運動）など，その他の多くの仕事がなされなければならない．これらの反応もすべて，その機能を果たすために，ほとんどの場合，ATP（場合によってはGTP）をそのエネルギー源として必要とする．このように，細胞は，その細胞活動の維持と増殖のために，多大なエネルギーをATPとして生成・消費しなければならない．

　成人女性の場合，通常の生活での1日の基礎代謝量は1500〜1800 kcal（6300〜7500 kJ）であるといわれている．この代謝量はATPの加水分解のエネルギーに換算する（ATP 1分子が-31 kJの熱量を生成するとして）と，203〜242 molのATP量に相当する．それゆえ，1日に消費されるATP（分子量507.2）の量は103〜123 kgに相当することになる．つまり，成人女性の体重の2倍程度の重量に及ぶATPを1日に消費していることになる．当然，激しいスポーツをする成人男子のATP消

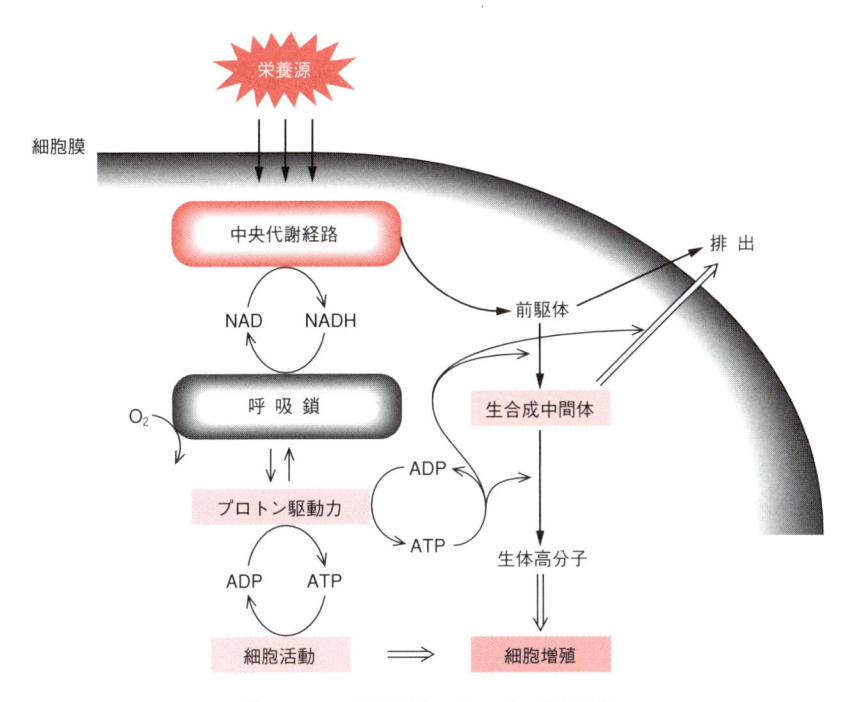

図 5・17　細胞増殖とエネルギー代謝制御

費量はその数倍に及ぶと想像される．しかし，体内に同時に存在している ATP 量は，0.1 mol 以下であるため，この大量の ATP は，合成と分解を繰返して維持されていることになる．

このように，細胞は，その細胞増殖もしくは細胞活動のために，栄養源から多大の ATP を生産し，それを消費する恒常性を維持している．つまり，細胞内の ATP/ADP 濃度比は厳密に制御されている．この制御は，図 5・17 に示されるように，中央代謝経路⟷呼吸（電子伝達反応）⟷ATP/ADP 濃度比の間の密接にリンクした反応によって成り立っている．中央代謝経路と呼吸の間をおもにつないでいるのが NADH/NAD であり，呼吸と ATP/ADP との間をつないでいるのがプロトン駆動力である．増殖していない（休眠状態の）細胞では，細胞内の ATP/ADP 比は高くなり，プロトン駆動力が余剰になる．この高いプロトン駆動力は電子移動を抑えることで呼吸を抑制し，結果的に NADH の酸化能の低下を導く．そのため，NAD 濃度の不足を生じ，中央代謝経路の流れが抑えられることになる．これに対して，活発に増殖している細胞では，ATP の消費が高いため，細胞内の ATP/ADP 比は低くなり，プロトン駆動力がつねに消費され低い状態であるため，呼吸は活発に行われる．その結果，NADH の酸化が盛んで，NAD が十分に供給されて，中央代謝経路は活発に流れる状態になる．このようにして，中央代謝経路による栄養源の消費を制御することで，細胞の増殖や活動の違いによる細胞内のエネルギー状態が厳密に制御されていることになる．

しかしながら，細胞を取巻く環境が比較的安定な高等生物と違い，細菌においては，細胞が直接外界に接しているため，生育環境の急速な変化が直接的にそのエネルギー代謝に影響を与える．なかでも過剰な炭素源やエネルギー源の遭遇あるいは，環境要因の変化によって急激に生育速度が変化する条件下では，エネルギー生成系（中央代謝経路と呼吸）と消費系（生合成と細胞活動）のバランスが崩れる．これらの変化に対応するため，細菌においては，呼吸とプロトン駆動力の**脱共役**（uncoupling）や生合成中間体の細胞外排出が行われていると考えられる．この生合成中間体の排出は微生物による発酵生産（アルコール，アミノ酸，ヌクレオチド，有機酸発酵など）として利用されている．つまり，微生物の発酵は，こうした細胞のエネルギーの制御の副産物と考えられる．

═══ 解　　説 ═══

5・1　中央代謝経路: 解糖系とクエン酸サイクル

　中央代謝経路は基本的には解糖系とクエン酸サイクル，場合によってはペントースリン酸経路を含めた，細胞内での異化代謝（分解）と同化代謝（生合成）において，中心的役割を果たす代謝経路のことである．ここでは，特に解糖系とクエン酸サイクルの全体像をまとめる．

　解糖系は全部で10種類の酵素反応から成る経路である（図5・18）が，この反応経路は20世紀の初頭に精力的に研究がすすめられ，1940年頃までにその全体像が明らかになった．この経路の解明に最も貢献した研究者がエムデン（Gustav Embden, 独），マイヤーホフ（Otto Meyerhof, 独），パルナス（Jacob Parnas, ポーランド）であり，彼らの名を冠して**エムデン・マイヤーホフ・パルナス経路**，さらに略して**EMP経路**とよばれている．

　解糖系は C_6 のグルコースを二つの C_3 単位（ピルビン酸）に分解する反応経路であり，そのメカニズムから考えて，10の酵素反応は大きく二つの過程に分けられる．最初の五つの酵素反応は，準備過程とでもよばれるもので，グルコースをリン酸化し，開裂して，二つのグリセルアルデヒド3-リン酸をつくる反応である．この過程で，エネルギー投資として2分子のATP（図中反応**1, 3**）が消費される．一方，後半の五つの酵素反応は，2分子のグリセルアルデヒド3-リン酸を2分子のピルビン酸へ変換する過程であり，その間に4分子のATP（図中反応**7, 10**）を生成する．その結果，2分子のATPが投資され，4分子のATPが生成されるため，解糖系全体としては2分子のATPが生成されることになる．解糖系全体を反応式で表すと下のようになる．

$$C_6H_{12}O_6 + 2\,NAD + 2\,ADP + 2\,P_i \longrightarrow$$
$$2\,C_3H_4O_3 + 2\,NADH + 2\,ATP + 2\,H_2O \quad (5・6)$$

　クエン酸サイクルは，サイクルの入口のピルビン酸デヒドロゲナーゼとサイクルの八つの酵素を含め，全体で九つの酵素反応から成る経路である（図5・19）．この経路の研究は，呼吸と関係した複雑な反応経路のため，その全容が明らかになるのは，解糖系に比べ，さらに10年以上の歳月を必要とした．この経路がサイクルを形成しているという仮説は，1937年にクレブス（Hans Krebs, 英）によって提出された．彼は，コハク酸（$HOOC-CH_2-CH_2-COOH$）の構造類似体であるマロン酸（$HOOC-CH_2-COOH$）によって呼吸が阻害され，そのときにフマル酸，リンゴ酸やオキサロ酢酸を添加すると，コハク酸が蓄積されることを見いだした．マロ

5. 物質代謝，細胞増殖と生物エネルギー

(1) ヘキソキナーゼ

グルコース
↓ 1 ATP → ADP

グルコース 6-リン酸

(2) グルコース-6-リン酸 イソメラーゼ
↓ 2

フルクトース 6-リン酸

(3) ホスホフルクト キナーゼ
↓ 3 ATP → ADP

フルクトース 1,6-ビスリン酸

(4) アルドラーゼ
↓ 4

↓ 5

グリセルアルデヒド 3-リン酸 ⇌ ジヒドロキシ アセトンリン酸

(5) トリオースリン酸 イソメラーゼ

2× グリセルアルデヒド 3-リン酸

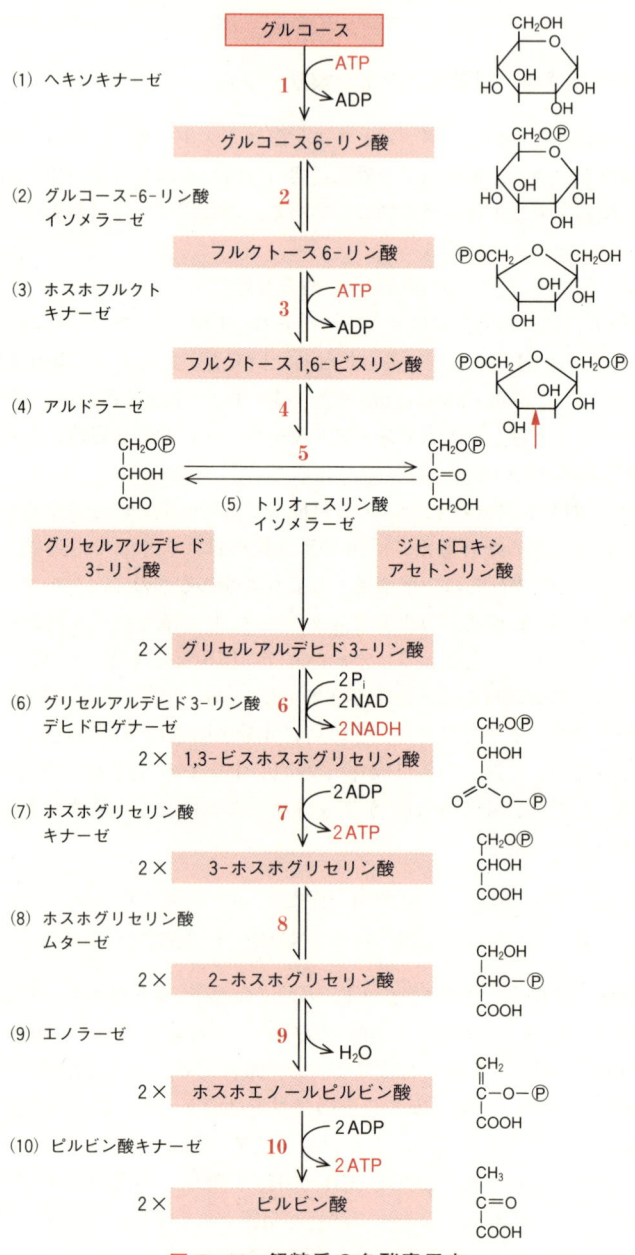

(6) グリセルアルデヒド 3-リン酸 デヒドロゲナーゼ
↓ 6 2P$_i$, 2NAD → 2NADH

2× 1,3-ビスホスホグリセリン酸

(7) ホスホグリセリン酸 キナーゼ
↓ 7 2ADP → 2ATP

2× 3-ホスホグリセリン酸

(8) ホスホグリセリン酸 ムターゼ
↓ 8

2× 2-ホスホグリセリン酸

(9) エノラーゼ
↓ 9 H$_2$O

2× ホスホエノールピルビン酸

(10) ピルビン酸キナーゼ
↓ 10 2ADP → 2ATP

2× ピルビン酸

図 5・18 解糖系の各酵素反応

ン酸は，コハク酸からフマル酸を生成する酵素反応を阻害するため，この経路が循環していると考えたのである．しかし，このサイクル仮説が最終的に確定するには，1951年にアセチルCoAがオキサロ酢酸と縮合してクエン酸になることが明らかになるまで待たねばならなかった．クエン酸サイクルは，クレブスの名を冠して**クレブスサイクル**（Krebs cycle），あるいはクエン酸が三つのカルボン酸をもつことから**TCA**（TriCarboxylic Acid）**サイクル**ともよばれている．

このサイクルの前段階として，ピルビン酸デヒドロゲナーゼによるピルビン酸か

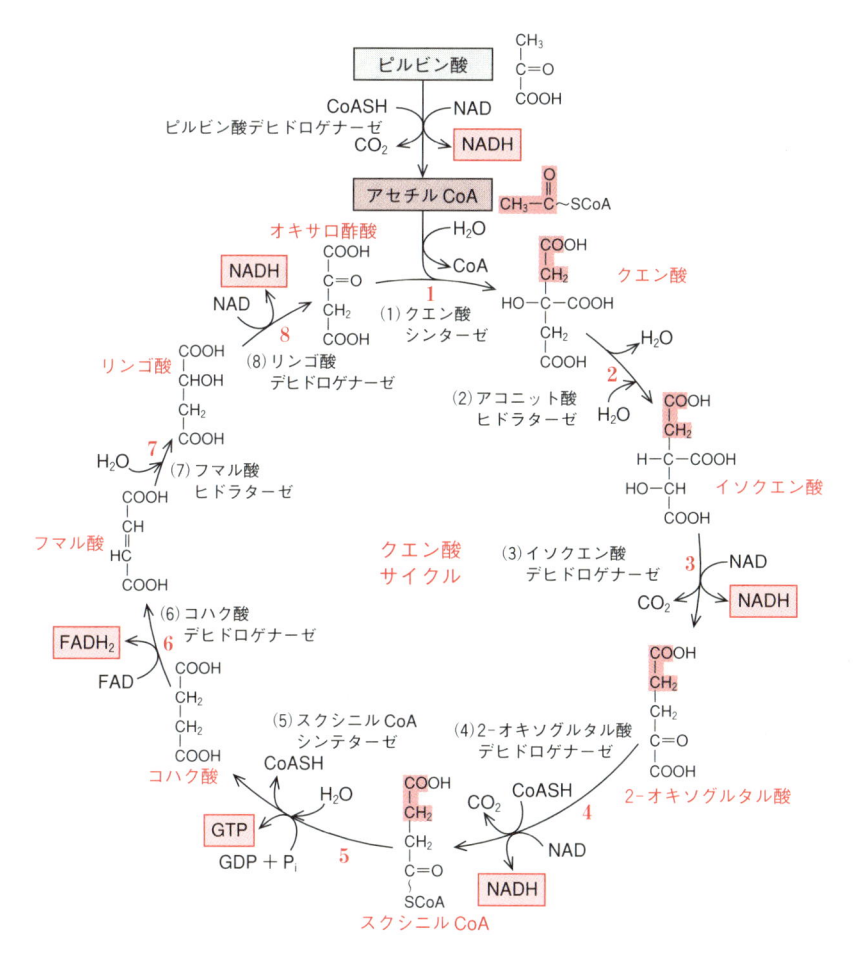

図 5・19　クエン酸サイクルの各酵素反応

らアセチル CoA の生成反応が必要である．この反応も以後のサイクルの反応と同じ酸化反応であり，CO_2 を生じるとともに，C_2 のアセチル CoA を生じる．このアセチル CoA はサイクルの最終産物である C_4 のオキサロ酢酸と縮合して C_6 のクエン酸となる．このクエン酸は，七つの酵素反応が進行する過程で，2分子の CO_2 を遊離して（図中反応 3, 4），オキサロ酢酸に戻る．このサイクルで，4段階の酸化反応（図中反応 3, 4, 6, 7）があり，反応 6 のコハク酸の酸化反応では酵素（コハク酸デヒドロゲナーゼ）に含まれる FAD が $FADH_2$ に還元されるが，それ以外の反応では，NAD が還元されて，NADH が生じる．最初のピルビン酸デヒドロゲナーゼ反応でも 1 分子の NADH が生成するので，この経路全体では 4 分子の NADH が生成されることになる．この経路で生成された NADH と $FADH_2$ は本文で述べられるように，呼吸鎖によって酸化されてもとに戻るとともにその呼吸によって ATP を生産する．この呼吸の関与する ATP 生成に加えて，反応 5 の段階で GDP が GTP に変換される．この経路全体を反応式で表すと，以下のようになる．

$$C_3H_4O_3 + 4\,NAD + FAD + GDP + P_i + 3\,H_2O \longrightarrow$$
$$3\,CO_2 + 4\,NADH + FADH_2 + GTP \qquad (5\cdot 7)$$

5・2 NADPH 生産とペントースリン酸経路

通常多くの細胞では，グルコースの異化代謝に，中心的に働く解糖系に加えて，**ペントースリン酸経路**も関与している．そのため，中央代謝経路という場合，このペントースリン酸経路も含めて考えるのが普通である（本書では便宜上，これを省いた）．このペントースリン酸経路の，解糖系に代わる最も重要な役割は，生合成の還元力として必要な **NADPH** の生成，つまり**還元エネルギーの生成**である．もう一つの役割は，**生合成の前駆体の生成**，つまり核酸生合成に必要な**リボース 5-リン酸**の生成である．脂肪酸やステロイドの合成は多量の NADPH を必要とするため，動物細胞でいえば，それらの合成が盛んな脂肪組織，乳腺，肝臓などで，この経路の働く割合が高くなっており，肝臓ではグルコースの 30 % 程度がペントースリン酸経路で代謝される．一方，微生物でも多くの場合，部分的にこの経路が働いているのが普通であるが，酵母では解糖系が，アオカビではペントースリン酸経路が中心的に働くという例外もある．

図 5・20 に示すように，この経路の重要な反応はグルコース 6-リン酸から 6-ホスホグルコン酸への酸化反応とその 6-ホスホグルコン酸からリブロース 5-リン酸への酸化的脱炭酸反応である．この二つの反応で 2 分子の NADP が NADPH に還元される．そして，最終的に，リブロース 5-リン酸はリボース 5-リン酸となって

核酸生成へ向かう．NADPH は必要であるが，核酸の生合成が盛んでなくリボース 5-リン酸が必要でない場合は，リブロース 5-リン酸は図右下に示すように，いくつかの複雑な反応を行って，最終的に，3 分子のリブロース 5-リン酸から 2 分子のフルクトース 6-リン酸と 1 分子のグリセルアルデヒド 3-リン酸に転換される．これらは速やかに解糖系に入り，代謝されるようになる（➡ 解説 5・1 参照）．

ところで，NADPH は NADH とどのように違うのであろうか．NADPH は NADH（図 5・10）のリボースの 2 の位置にリン酸基が一つ結合しただけの違いしかない．しかし，これらは代謝上，簡単には相互に変換できない．NADH はもっぱら異化

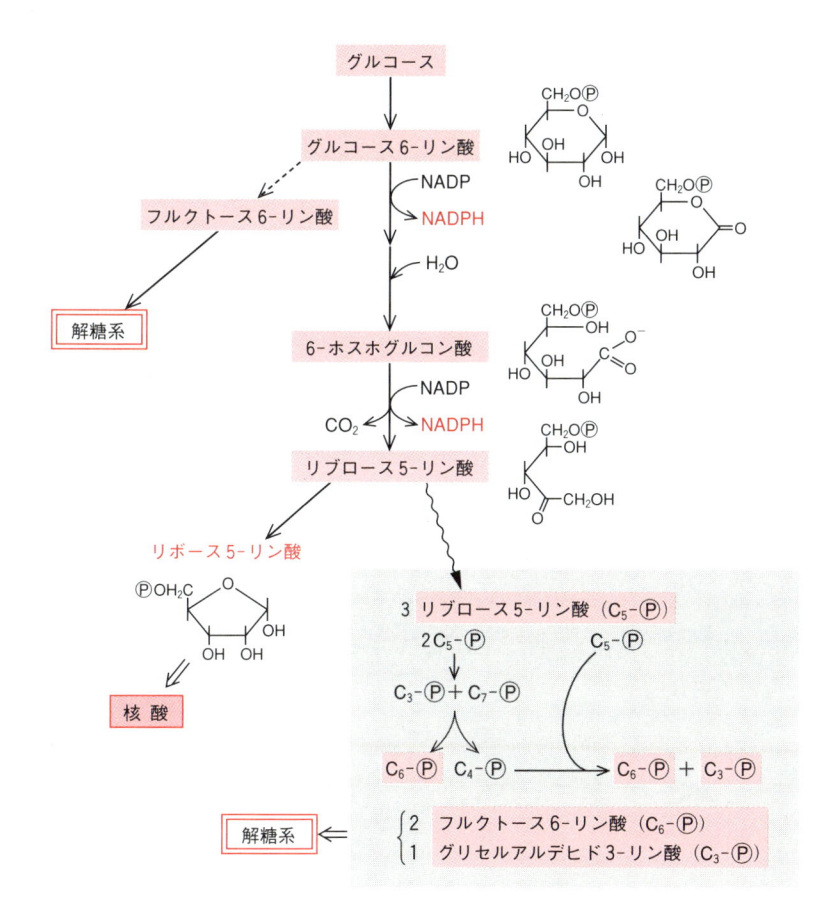

図 5・20　ペントースリン酸経路の酵素反応

代謝における還元エネルギーを呼吸鎖に運び，ATPの生成に関与することでエネルギー生成に関与するのに対し，NADPHは直接，低分子化合物の還元に力を貸して，その生合成を助けることでエネルギー源として機能している．

6

社会で役立つバイオ技術

　第1章から第5章までで,細胞や遺伝子の構造と機能,細胞における物質代謝やエネルギー生成などの生命科学の基礎を学んだ.第6章では,"応用生命科学シリーズ"全体の内容もふまえて,生命科学が実際に産業として応用されている重要な例を紹介することとする.

6・1 グルタミン酸の微生物による生産

　現在,中華料理をはじめとする各種の料理には調味料として**グルタミン酸ナトリウム**を使用することは当然のことのように考えられる.しかし,池田菊苗が1908年にL-グルタミン酸ナトリウムがコンブのうま味成分であることを発見し,次の年になって味の素(株)からうま味調味料として発売された頃には,L-グルタミン酸ナトリウムは大変高価であり,ほんの少しだけしか料理には使用されていなかった.その後,コムギやダイズのタンパク質を濃塩酸で加水分解し,この加水分解物を精製してL-グルタミン酸ナトリウムが製造されてきたが,依然として高価であった.そこで,微生物や酵素を利用してグルタミン酸を効率よくつくろうとする研究が行われてきたが,なかなか成功しなかった.グルコースを原料とする場合には,L-グルタミン酸は図5・14に示されているように,解糖系を経て,クエン酸サイクルの2-オキソグルタル酸（α-ケトグルタル酸）から枝分かれして生成される.

6・1・1 グルタミン酸生産菌の分離

　1956年初頭,協和発酵工業(株)の研究者だった鵜高重三は世界ではじめてグル

コースから L-グルタミン酸を著量蓄積する微生物 *Micrococcus glutamicus*（のちに *Corynebacterium glutamicum* と変更された．図 6・1 は走査型電子顕微鏡による像で，短桿菌の特徴がよくわかる）を発見した．この発見は後から考えるときわめて

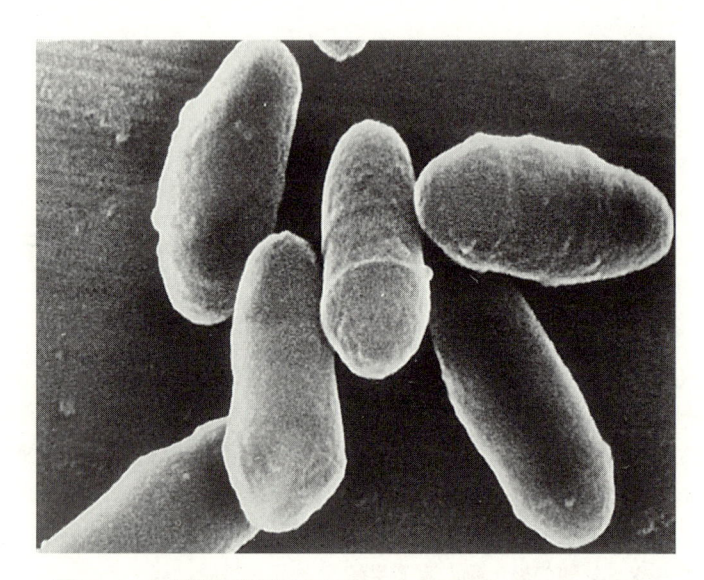

図 6・1 走査型電子顕微鏡による *Corynebacterium glutamicum* の像〔協和発酵工業（株）東京研究所 落合恵子博士提供〕

簡単なようにも思えるが，コロンブスの卵と同じであって，周到な準備のもとに研究された結果としての一大成果といえよう．まず，効率的なスクリーニング法を考案したことがその要因としてあげられる．鵜高は寒天培地上に多数の細菌を塗抹してコロニーを生じさせてから，その周辺へのグルタミン酸生産の有無を乳酸菌を用いるバイオアッセイで検出する方法を用いた．この乳酸菌はグルタミン酸がなければ生育できない，という特殊な乳酸菌であるが，この性質をうまく利用したわけである．つぎは，適切な培養液を選定したことである．微生物によってグルタミン酸を生産できるかどうかがわからなかった時代であるので，グルタミン酸生産に適した培地組成はまったく不明であった．しかし，グルタミン酸の **C/N 比**（炭素と窒素のモル比）に相当する高濃度のアンモニア源（尿素や硫酸アンモニウムなど）を用いたことが結果としてグルタミン酸生産を可能にした．実際に分離されてから，詳細にこの微生物によるグルタミン酸生産性が研究されたが，表 6・1 に示すように，

適切なビオチン濃度,適切な C/N 比,pH は少しだけアルカリ性 (pH 7～8),溶存酸素が不足しないような十分な通気条件の下でのみグルタミン酸が生産される.

表 6・1 グルタミン酸生産菌 (*Corynebacterium glutamicum*) の代謝転換[a]

環境因子	代 謝 転 換		
酸 素	通気量不足 [乳酸またはコハク酸] ←―――――――→		通気量十分 [グルタミン酸]
NH_4^+	欠 乏 [2-オキソグルタル酸] ←――→	適 量 [グルタミン酸] ←――→	過 剰 [グルタミン]
pH	酸 性 [*N*-アセチルグルタミンまたはグルタミン] ←―――→		中性または微アルカリ性 [グルタミン酸]
リン酸	適 量 [グルタミン酸] ←―――――――→		高 濃 度 [バリン]
ビオチン	適 量 [グルタミン酸] ←―――――――→		飽 和 [乳酸またはコハク酸]

a) 植田定治郎,相田 浩,発酵と微生物,1,53,朝倉書店 (1971).

ということがわかった.また,グルタミン酸生産菌を既知の保存菌株のみならず,広く自然界から新たにスクリーニングしようとしたことがあげられる.その後の研究でわかったことであるが,不思議なことに鳥類の糞を含む試料だけからグルタミン酸生産菌が分離された.このようにわかってしまえば,実に簡単なことであるが,未知の状況では,広く自然界から新たにスクリーニングしようとしたことが成功の一因であったといえよう.そして鳥類の糞を含む試料まで考えたことは,研究者としての鵜高の非凡さを示すものである.

6・1・2 グルタミン酸生産の工業化

この微生物によるグルタミン酸生産の工業化は協和発酵工業(株)において集中的な研究が行われ,菌の分離後 1 年たった 1957 年に世界に先がけて工業生産が開始された.菌が分離されてから工業化されるまでには多くの基礎研究・工業化のための研究が必要とされるのが普通である.その常識と比較すると,菌が分離されてからわずか 1 年後に工業化されたのは異例のスピードであり,菌の分離から工業化までを陣頭指揮した木下祝郎をはじめとする協和発酵工業(株)の研究者の優秀さを示すものといえよう.

1960年には類似のグルタミン酸生産菌による生産が味の素（株）など国内数社でも行われ，さらに，本技術は国外へも輸出された．生産技術は年々向上し，1970年頃には生産効率は対糖収率50〜60％，すなわち，200 g/l のグルコースから100 g/l 以上のL-グルタミン酸が生産されるようになった．1957年に協和発酵工業（株）によって微生物による発酵法が確立されて以来，グルタミン酸ナトリウムの生産は抽出法から発酵法に完全に転換された．

この微生物によるグルタミン酸の生産が工業的に実施されたのを契機に，本菌の変異株によるリシンその他のアミノ酸の生産やヌクレオチドなど，生合成代謝・代

表 6・2 アミノ酸の生産量とおもな製法および用途〔1996年4月末現在,（社）日本必須アミノ酸協会推定〕

品 名	推定生産量〔トン/年〕		おもな製法				用　途				
	国内	世界	発酵	酵素	合成	抽出	医薬	食品	化粧品	飼料	その他工業用
グリシン	14,000	22,000			●		●	●	●	●	●
L-アラニン	250	500		●	(分割)		●	●			
DL-アラニン	1,500	1,500			●		●	●			
L-アスパラギン酸	3,000	7,000		●			●	●			●
L-アスパラギン	60	60		●		●	●				
L-アルギニン類	1,000	1,200	●			●	●				
L-システイン類	900	1,500		●		●	●				
L-グルタミン酸ナトリウム	85,000	1,000,000	●				●	●		●	●
L-グルタミン	1,200	1,300	●				●				
L-ヒスチジン類	400	400	●				●				
L-イソロイシン	350	400	●				●				
L-ロイシン	350	500	●				●				
L-リシン塩酸塩	500	250,000	●				●			●	
L-メチオニン	200	300			●(分割)		●				
DL-メチオニン	35,000	350,000			●		●			●	
L-フェニルアラニン	2,500	8,000	●		●(分割)		●	●			●
L-プロリン	250	350	●			●	●				
L-セリン	100	200	●	●		●	●				
L-トレオニン	350	4,000	●		●		●			●	
L-トリプトファン	400	500	●				●			●	
L-チロシン	70	120				●	●				
L-バリン	400	500	●		(分割)		●				

謝制御を利用した発酵生産が順次開発された．その意味からも本菌によるグルタミン酸の工業的生産は歴史的な意義が大きい．

その後，グルタミン酸ナトリウムの生産量は世界中で拡大を続け，現在では年産約100万トンに達している（1990年には64万トン）．グルタミン酸をはじめとしたアミノ酸の発酵生産の工業化における日本企業の貢献は大きく，グルタミン酸発酵の工業化技術とそれに伴う研究開発で得られた知見はグルタミン酸以外のアミノ酸の発酵生産に応用されていった．表6・2に，各種アミノ酸の生産量とその製法および用途を示す．主要なアミノ酸は微生物を培養する発酵法で生産されていることが理解できる．

6・1・3 発酵原料と生産する場所

グルタミン酸発酵の工業化における海外進出は，味の素（株）や協和発酵工業（株）をはじめとする日本企業により早い時期から推進され，1960年代にはすでに東南アジアをはじめとして世界各地に拡大した．図6・2は一つの例として，味の素（株）が生産している状況とその原料を示す．原料としては，サトウキビやサトウダイコンから得られる**ショ糖**（砂糖，スクロース），トウモロコシやキャッサバから得られる**デンプン**であることがよくわかる．

グルタミン酸は現在では大変安価に生産されている．主原料は糖とアンモニアであり，上記したように対糖収率は50％以上，すなわち，200 g/lのグルコースから100 g/l以上のL-グルタミン酸が生産されるようになっているが，全体としては炭素源である糖の価格がグルタミン酸の価格を左右している．したがって，主たる生産地は糖が安く入手できる場所となる．

トウモロコシやキャッサバから得られるデンプンを使用する場合を考えてみると，本菌はデンプンを利用することができないので，まず，デンプンを耐熱性α-アミラーゼとグルコアミラーゼで加水分解し，生成したグルコースを発酵原料とすることとなる．このようにして得られたグルコースとアンモニア源（アンモニアガス，硫酸アンモニウムなどの無機アンモニウム塩，尿素が用いられる）および少量の無機塩類，適量のビオチンを加えた合成培地で効率よく生産される．たとえば，図6・3に示したように，対糖収率約40％でグルタミン酸が3日間で生産される．ビオチン濃度はグルタミン酸の生成に決定的な影響があり，数μg/lの添加でグルタミン酸の生産効率は最大になる．ビオチン濃度が10〜50μg/lの場合には本菌の生育は旺盛になるが，グルタミン酸生産量は極端に減少する．また，1μg/l以下の

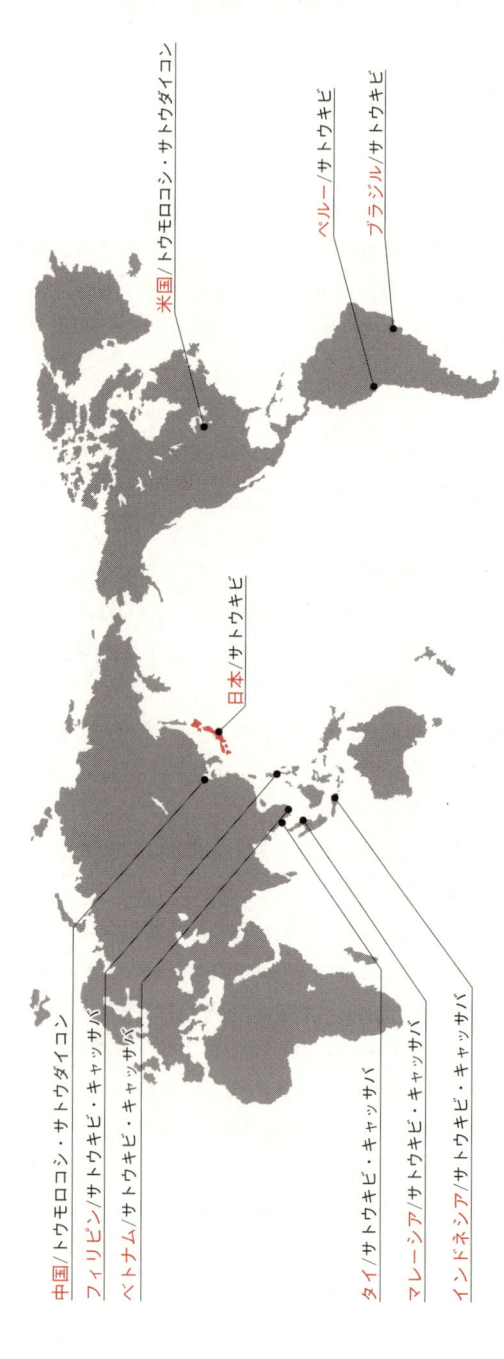

図6・2 世界におけるグルタミン酸ナトリウムの生産拠点と使用しているおもな炭素源
〔2002年4月現在,情報提供:味の素(株)〕

米国/トウモロコシ・サトウダイコン
ペルー/サトウキビ
ブラジル/サトウキビ
日本/サトウキビ
中国/トウモロコシ・サトウダイコン
フィリピン/サトウキビ・キャッサバ
ベトナム/サトウキビ・キャッサバ
タイ/サトウキビ・キャッサバ
マレーシア/サトウキビ・キャッサバ
インドネシア/サトウキビ・キャッサバ

ビオチン濃度では，本菌の生育が不良になるとともに，グルタミン酸生産量も減少する．さらに，本菌の増殖とグルタミン酸生産のために適量の無機塩類を培地に加える必要があり，リン酸塩や Mg^{2+}，Mn^{2+}，Fe^{2+}，などの金属塩が添加される．

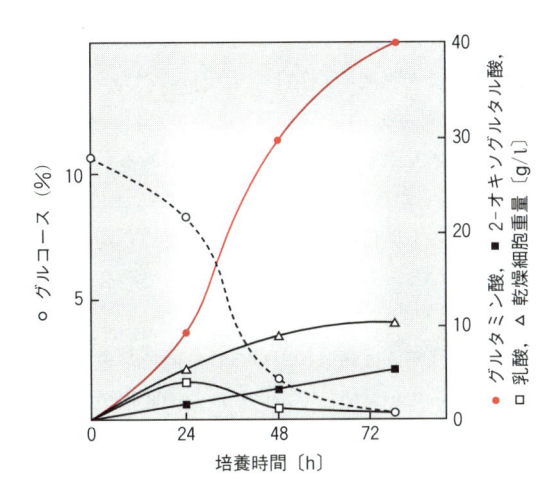

図 6・3 **グルタミン酸発酵における培養経過**．培地組成：10％ グルコース，0.5％ 尿素，0.05％ KH_2PO_4，0.05％ K_2HPO_4，0.025％ $MgSO_4 \cdot 4H_2O$，ビオチン 2.5 μg/l．培養条件：撹拌 450 rpm，通気等量（1 vvm），培養液の pH を尿素液で 7～8 に調節．〔木下祝郎，田中勝宣，"アミノ酸発酵（下）"，アミノ酸・核酸集談会編，p.1，共立出版（1972）〕

これらの添加方法については本シリーズ第8巻"生物化学工学"（p.96）を参照されたい．

　本発酵は微アルカリ性の pH で好気的条件下で行われる．培地の pH としては 7～8 が菌の増殖とグルタミン酸生産の両方に好適で，その調節はアンモニア水またはアンモニアガスの連続的供給で行われる．このようにして，グルタミン酸生産に伴う pH の低下を防ぎ，高濃度のアンモニウムイオンを維持できる．表6・1 に示したように，通気撹拌の条件によってグルタミン酸の生産量が大きく変動する．グルタミン酸生産菌は好気性菌で糖の分解とグルタミン酸の生産が迅速に起こるので，培地中の溶存酸素が不足しないように十分に通気を行う必要がある．酸素が不足するとグルタミン酸の生産効率が低下し，乳酸やコハク酸が生成する．

　デンプンよりも安価な原料は廃糖蜜である．インドネシアなどの熱帯地方では，

サトウキビがよく生育する．サトウキビの搾汁液（これを**糖蜜**という）を濃縮すると，砂糖が結晶として取出せる．残液（これを**廃糖蜜**という）には，スクロースおよび加熱による加水分解物であるグルコースとフルクトースが大量に含まれており，良好な糖原料である．しかし，同時にビオチン含量も高いので，上述のようにグルタミン酸生産効率が著しく低下する．ここで，大変興味のある実験事実が見いだされた．それは，ビオチン過剰の条件下でも少量のペニシリン（数単位/ml）やTween40などの非イオン系界面活性剤を少量添加すれば，高ビオチン含量の培地でもグルタミン酸が高収率で生産できるという事実である．さらに，これらの薬剤は培養開始後，数時間経過した後に添加するのが効果的であることがわかってきた．この発見はグルタミン酸の工業化という観点から大変に重要な発見であり，糖蜜が生産されるインドネシアなどの熱帯および亜熱帯地方でのグルタミン酸の工業化が進展した．

　糖蜜を濃縮する過程で濃縮液は高温にさらされ，微量含まれているサトウキビ由来のタンパク質とスクロースが反応して，いわゆる**褐変化**が起こる．この反応は複雑な反応であり，微生物では分解しにくい多くの物質が生成し，糖蜜液は濃い黒褐色となる．そのため，廃糖蜜を原料とする場合には，微生物を培養し，グルタミン酸を分離した後の**廃液の処理**が問題となる．多くの微生物が関与する生物学的廃水処理でこの廃液を処理しても長い廃水処理時間が必要となり，大きな廃水処理槽が必要となる．この点では，デンプンを原料とした場合には比較的問題がない．褐変化物質を分解する微生物が主体となる廃水処理方法を考案したり，廃液を直接サトウキビ畑に灌漑するなどの方法がとられている．廃液中には有害な物質が含まれているわけではなく，多くのミネラル成分が含まれているので，サトウキビ畑に灌漑する方法は自然の理にかなった方法であるが，輸送コストがかかるのが難点である．

　グルタミン酸の生産は日本において世界で初めて工業化され，その後の研究によって，その他のアミノ酸や核酸関連物質も生産されるようになったという意味でも，大変に重要な意味がある．この成功の要因は，第一に微生物をうまく分離したことにある．第二に工業化するための培地の検討，培地成分の添加方法の検討，高ビオチン含量の培地でもグルタミン酸が高収率で生産できるペニシリンや非イオン系界面活性剤の添加などの工業化研究の成果によるものである．工業化が成功するためには，微生物の知識だけではなく，廃水処理まで関係してくるので，幅広い知識と経験が必要となることを理解してほしい．

6・2　遺伝子組換え技術を利用したヒト型インスリンの生産

　ヒトの血液中のグルコース濃度はほぼ 0.9 g/l に制御されている．グルコース濃度が高くなると，膵臓のランゲルハンス島 β 細胞からホルモンの1種類である**インスリン**が分泌され，この作用によって 0.9 g/l にまで下げられる．しかし，歳をとるにつれて徐々に血液中の糖（グルコース）濃度が高くなってくる．この状態を**糖尿病**というが，糖尿病治療は食事のバランスを取り，ゆったりとした運動を長時間することが基本である．ただし，血糖値の管理は決してやさしくはなく，大変危険な病気である．糖尿病は肥満や運動不足とも関係しており，現代病ともいえる．初期の段階を過ぎてしまうと薬物によるコントロールが必要になる．高い血糖値が続くと，糖尿病の三大合併症である神経障害，網膜症，腎症の危険が近づいてくる．最悪の場合，下肢切断，失明，人工透析などに進み，生活への大きな障害となる．糖尿病には，インスリンではグルコース濃度が下がりにくい，いわゆるインスリン非依存症型の糖尿病もあるが，インスリン依存症型の糖尿病に対してはインスリンを注射することが必須である．

6・2・1　インスリンの酵素法による生産

　このインスリンは 1921 年にバンティング（F. Banting）とベスト（P. Best）によって初めてイヌの膵臓から抽出され，インスリン依存症型の糖尿病患者を治療し

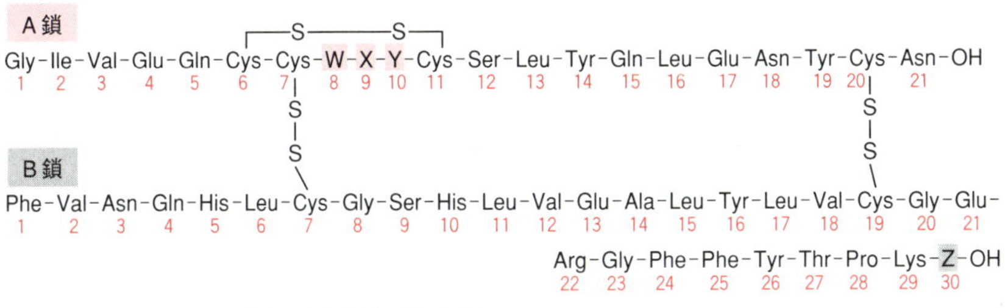

A 鎖
Gly-Ile-Val-Glu-Gln-Cys-Cys-W-X-Y-Cys-Ser-Leu-Tyr-Gln-Leu-Glu-Asn-Tyr-Cys-Asn-OH
　1　 2　 3　 4　 5　 6　 7　8 9 10 11　12　13　14　15　16　17　18　19　20　21

B 鎖
Phe-Val-Asn-Gln-His-Leu-Cys-Gly-Ser-His-Leu-Val-Glu-Ala-Leu-Tyr-Leu-Val-Cys-Gly-Glu-
　1　 2　 3　 4　 5　 6　 7　 8　 9　 10　11　12　13　14　15　16　17　18　19　20　21

Arg-Gly-Phe-Phe-Tyr-Thr-Pro-Lys-Z-OH
22　23　24　25　26　27　28　29　30

起源	A 鎖			B 鎖
	W	X	Y	Z
ヒト	Thr	Ser	Ile	Thr
ウサギ	Thr	Ser	Ile	Ser
ブタ	Thr	Ser	Ile	Ala
ウシ	Ala	Ser	Val	Ala
ヒツジ	Ala	Gly	Val	Ala
ウマ	Thr	Gly	Ile	Ala

図 6・4　**インスリンの一次構造**．アミノ酸三文字表記については図 6・6 を参照されたい．

うる道をひらいた．しかし，糖尿病の患者を救うために，他の人の膵臓からインスリンを抽出する，といった行為は許されない．そこで，長年にわたってウシやブタの膵臓から抽出したインスリンが医療に用いられてきた．ウシやブタのインスリンは図6・4に示すようにヒトのインスリンとアミノ酸組成が一部異なっている．これが副作用につながる抗原性などの問題の原因と考えられ，ヒト型インスリンの開発が求められてきた．

1955年にサンガー（F. Sanger）によってインスリンのアミノ酸配列が明らかにされた．種々の動物のインスリンは図6・4に示されるように，A鎖とB鎖が2本のジスルフィド結合で結ばれており，A鎖の6位と11位のシステイン（Cys）同士もまたジスルフィド結合している．しかし，A鎖の8, 9および10位とB鎖のC末端である30位は動物によって異なっている．

ウサギとブタのインスリンはヒトのインスリンとB鎖の30位のみが異なっており，ブタは肉の供給源でもあるので，ブタの膵臓は比較的入手しやすい．そこで，B鎖の30位のアラニン（Ala）をトレオニン（Thr）に変換する研究がなされた．インスリンB鎖の29位はリシン（Lys）であり，幸いなことにインスリンのペプチド鎖としては他の位置にはない．そこで，リシンを認識して特異的にペプチド鎖を加水分解する酵素が塩野義製薬（株）の森原和之らによって探索された．その結果，*Achromobacter lyticus*という微生物が生産するプロテアーゼがリシンだけに基質特異性を示すプロテアーゼであることがわかった．図6・5に示すように，まずこの酵素でブタのインスリンを処理して，B鎖の30位のアラニンを取除く．つぎに，有機溶媒と少量の水との混合溶媒中でペプチド結合が形成しやすい反応条件に変えて，同じ*Achromobacter lyticus*が生産するプロテアーゼを触媒として利用し，C末端を化学的に修飾したトレオニンブチルエステル（Thr-OBu）をペプチド結合させた．最後に，トレオニンのC末端の修飾をはずす．このような手順によって，ブタのインスリンがヒト型インスリンに見事に変換された．これは，同じプロテアーゼを加水分解反応と有機溶媒系でのカップリング反応に巧みに使い分けるというきわめて独創的な方法である．この方法は塩野義製薬（株）によって実用化された．

なお，プロテアーゼを有機溶媒系で合成反応として利用するという手法はその後，東ソー（株）による人工甘味料**アスパルテーム**（L-アスパラギン酸とL-フェニルアラニンのジペプチドのメチルエステル）の生産にも適用されている．

ブタのインスリンと過剰量のトレオニンブチルエステルを有機溶媒系でトリプシンのペプチド転移反応を利用することによって，図6・5に示した中間体Aを経ず

に一気に中間体 B を生成させる方法がノボノルディスク（Novo Nordisk）（株）によって開発された．中間体 B からヒト型インスリンを得る点は同じである．塩野

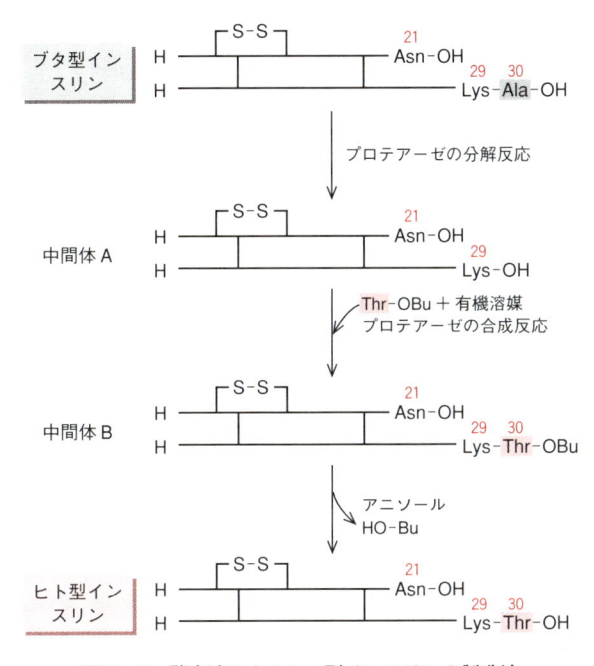

図 6・5　酵素法によるヒト型インスリンの製造法

義製薬（株）の方法は中間体 B を得るのに 2 工程が必要であるのに対し，1 工程で済む点で優れている．この方法によるヒト型インスリン生産は 1978 年に実用化された．しかし，これらの方法は天然原料であるブタのインスリンに依存しており，この点が欠点ともいえた．

6・2・2　遺伝子組換えによる方法

本書§3・15 や，本シリーズ第 6 巻 "タンパク質工学" で詳しく紹介されているが，1972 年に遺伝子組換え技術が開発された．開発されてまだ間もない技術ではあったが，この技術を利用して，ヒト型インスリンを微生物により生産しようという試みが 1975 年頃から研究されだした．

まず，イーライリリー（Eli Lilly）（株）では大腸菌を宿主として用いる方法を開

発し，早くも1978年にこの方法で生産したヒト型インスリンを販売しだした．ヒト型インスリンを形成するA鎖とB鎖のペプチドに対応する遺伝子をそれぞれ別個に化学的に合成し，強力なプロモーター（プロモーターについては§3・7を参照）である *trp*（トリプトファン）**プロモーター**の下流につなぐ．このようにして作成したプラスミドを別々の大腸菌に導入し，この遺伝子組換え大腸菌を培養することによって，A鎖とB鎖を別々に大腸菌の細胞内に生産させた．細胞から抽出した後で，A鎖とB鎖間にジスルフィド結合をさせてヒト型インスリンを得る方法である．しかし，この方法は大腸菌からのA鎖とB鎖の抽出および抽出後の精製工程が煩雑であり，また，図6・4に示したように正しい位置にA鎖とB鎖間のジスルフィド結合が形成されない場合もあり，これらの異性体を除去する必要もある．全体としての収率が低いなど，改良の余地がある方法であった．

　ヒト型インスリンのアミノ酸配列は図6・4に示すとおりであるが，ヒト型インスリンが発現する過程では，図6・6に示すように，A鎖とB鎖の間にC鎖を挟み，B鎖の先に**シグナルペプチド**がついた**プレプロインスリン**＊として合成される．シグナルペプチドの働きによって細胞の小胞体膜を通過し，シグナルペプチダーゼによりシグナルペプチドが切り離されて，**プロインスリン**＊＊となる．さらに，特有のジスルフィド結合が形成されてから，プロテアーゼによってC鎖が除かれて成熟したインスリンとなる．遺伝子組換え技術を応用する場合にも大変参考になる情報であり，実際にイーライリリー（株）では1980年代末からこれらの情報に基づいた方法に切替えた．

　この改良法では，プロインスリンに対応している遺伝子を化学的に合成し，強力なプロモーターである *trp* プロモーターの下流につなぐ．このようにして作成したプラスミドを大腸菌に導入し，この遺伝子組換え大腸菌を培養することによって，プロインスリンを大腸菌の細胞内に生産させた．大腸菌を破壊してプロインスリンを含むポリペプチドを抽出した後で，化学的に切断してプロインスリンを得た．A鎖とB鎖間にジスルフィド結合をさせて，C鎖の部分を酵素的に切断してヒト型

　＊　プレプロインスリン：プロインスリンの生合成前駆体で，プロインスリンのN末端にシグナルペプチドが付加したもの．シグナルペプチドの働きによって膵臓のランゲルハンス島β細胞の小胞体膜を通過し，シグナルペプチダーゼによりシグナルペプチドが切り離されて，プロインスリンとなる．プレプロタンパク質については§3・10を参照．
　＊＊　プロインスリン：インスリンの生合成前駆体．膵臓のランゲルハンス島β細胞の粗面小胞体で前駆体として合成され，この細胞内を移行する過程で特殊な酵素でC鎖ペプチドが切断されて，インスリンとなる．

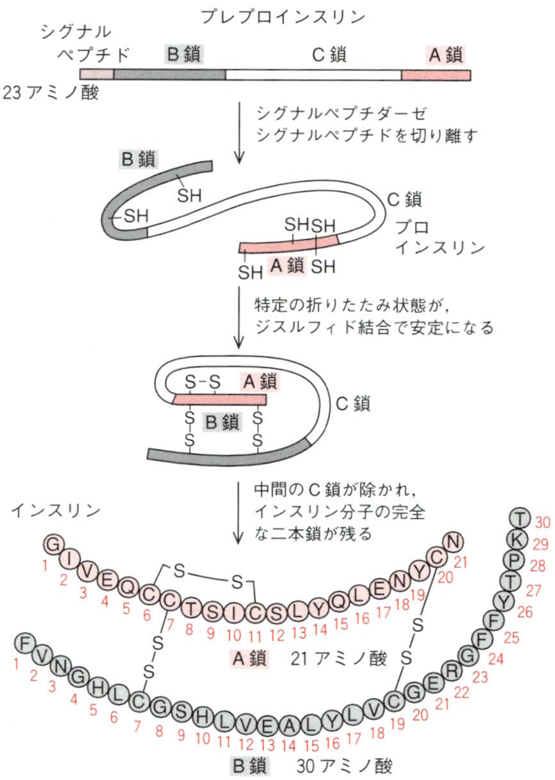

アミノ酸	略号	
	三文字表記	一文字表記
アラニン	Ala	A
アルギニン	Arg	R
アスパラギン	Asn	N
アスパラギン酸	Asp	D
システイン	Cys	C
グルタミン	Gln	Q
グルタミン酸	Glu	E
グリシン	Gly	G
ヒスチジン	His	H
イソロイシン	Ile	I
ロイシン	Leu	L
リシン	Lys	K
メチオニン	Met	M
フェニルアラニン	Phe	F
プロリン	Pro	P
セリン	Ser	S
トレオニン	Thr	T
トリプトファン	Trp	W
チロシン	Tyr	Y
バリン	Val	V

図6・6 プレプロインスリンからのプロセシングによるインスリン生成

インスリンを得る方法である．A鎖とB鎖間に正しい位置にジスルフィド結合ができやすく，異性体の生成は比較的少ない．

ノボノルディスク（株）は，上記した酵素による変換法とは別に，遺伝子組換え技術を応用したインスリンの生産法の研究も行った．そして，宿主として酵母を利用し，インスリン前駆体を分泌させる方法を開発した．

宿主としての微生物の選択は大変重要である．大腸菌の場合には，遺伝的に最も詳しく研究されており，生物学的な情報は大変豊富である．また，増殖速度も非常に速い．しかし，一般的には分泌生産させることは難しい．大腸菌の細胞内では通常100種類以上のタンパク質が生産されているので（微量なタンパク質も含めると500種類以上），細胞内から目的とするタンパク質を分離精製するのは容易なことではない．これに対して，酵母の場合には増殖速度は遅いが，分泌生産させることも場合によっては可能である．合成培地を使用すれば，培地中に分泌生産されるタンパク質は数種類程度と考えられるので，分離精製は大変容易となる．インスリンの生産とは異なるが，日本で工業化されつつある例を紹介しよう．

6・2・3 アルブミンの生産

手術などにおいて多量の輸血が必要となることが多い．しかし，血液製剤による肝炎ウイルスやエイズウイルスなどの感染が心配されてもいる．このような状況から，いっそのこと**人工血液**をつくってしまおう，という考えも当然提案されている．血液中の各種の無機塩やアミノ酸はコスト的に安く入手できる．問題は血液中に含まれる各種のタンパク質，とりわけ50％を占めるアルブミンをどのようにして安く，かつ安全に生産するか，である．出血性ショックや熱傷性ショックの場合，患者1人あたり10g程度のアルブミンが必要となるから，患者1人あたり数mgが必要となるインスリンのようなホルモンと違って，使用量が圧倒的に多くなり，安全に大量生産できる方法の開発が必須となる．

三菱ウェルファーマ（株）の子会社である（株）バイファは，メタノールを炭素源として合成培地で培養できる酵母 *Pichia* を使用し，ヒト型アルブミンを分泌生産する遺伝子組換え技術と分泌生産されたアルブミンを分離精製する技術を世界に先駆けて開発した．北海道の千歳市にある工場では，図6・7に示すような製造工程でアルブミンが生産できるようになっている．厚生労働省の認可がまだ下りていないので，実際に毎日生産されているわけではないが，認可されれば当然連続生産されることとなる．主培養槽は高さ13mで，容積は80m^3であり，培地中のメタノー

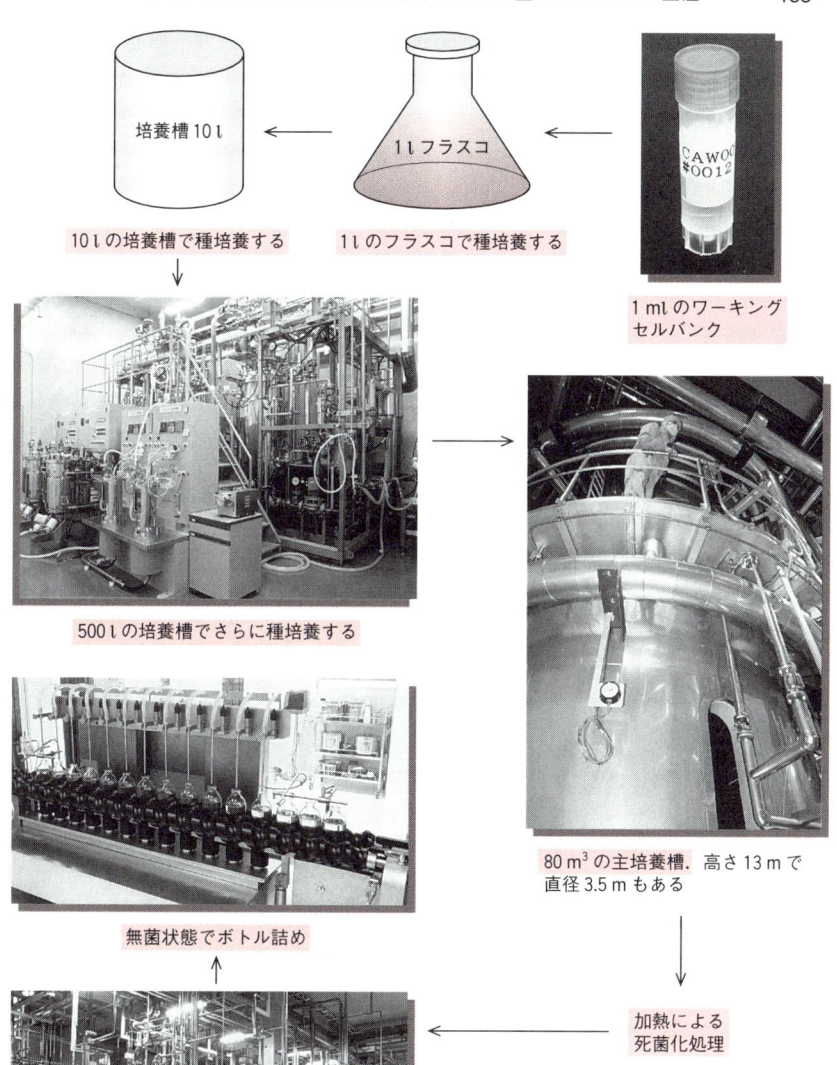

6・2 遺伝子組換え技術を利用したヒト型インスリンの生産　　　155

培養槽 10 l ← 1 l フラスコ ← 1 ml のワーキングセルバンク

10 l の培養槽で種培養する　　1 l のフラスコで種培養する

500 l の培養槽でさらに種培養する

$80 m^3$ の主培養槽．高さ 13 m で直径 3.5 m もある

無菌状態でボトル詰め

加熱による死菌化処理

精製工程．陽イオン交換，疎水性，アフィニティー，ゲル沪過，陰イオン交換と種類の異なった五つのクロマトグラフ処理を行って，不純物の混入を1億分の1以下にする

図 6・7　遺伝子組換えアルブミン製剤の製造工程〔写真提供：(株)バイファ〕

ル濃度などが完全にコンピューター制御されており,このような主培養槽が4基設置されている.培地中に分泌生産されるタンパク質としては,当然アルブミンが圧倒的に多いが,ごく微量でも酵母由来のタンパク質が含まれている.これらのタンパク質をほぼ完全に除去し,なおかつ大量生産できる技術が開発されている.

6・2・4 ミニプロインスリン法

遺伝子組換え酵母によるインスリン前駆体の分泌生産に話を戻そう.この場合,酵母としては一番よく使用される *Saccharomyces cerevisiae* を使用した.この酵母はパンやビールをつくるのに使用されており,安全性は高い.インスリンの生産方法としては,イーライリリー(株)と同様に,A 鎖と B 鎖を別々に酵母で生産させ,精製した A 鎖と B 鎖間にジスルフィド結合をつくらせてヒト型インスリンを得る方法も考えられる.しかし,ノボノルディスク(株)は図6・5に示した酵素を利用する方法をすでに開発していた.そこで,この方法との融合法が試みられた.

まず,プレプロインスリン(図6・6)の C 鎖に相当する部分を除き,B 鎖の29位の直後にアラニン,アラニン,リシンを入れて,その後すぐ A 鎖の1位から21位をつなぐような短絡したインスリン前駆体(図6・8)を作製する.これはプロイン

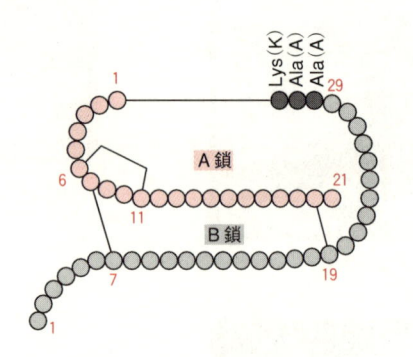

図 6・8 ミニプロインスリン

スリンとは違うアミノ酸配列であるが,類似の考え方であり,**ミニプロインスリン**とよぶ.このミニプロインスリンに対応する遺伝子を合成し,その前に酵母から分泌生産させるためのリーダー(先導)配列遺伝子を挿入した.図6・9に示すように,リーダー配列とミニプロインスリン遺伝子の両側には,強力な**トリオースリン酸イソメラーゼ(TPI)**プロモーターとターミネーターを挿入し,酵母と大腸菌の両方

6・2 遺伝子組換え技術を利用したヒト型インスリンの生産

で発現するシャトルプラスミドを構築した．このプラスミドには，別の酵母である Shizosaccharomyces pombe 由来の TPI 遺伝子（POT）も組込まれている．このプラ

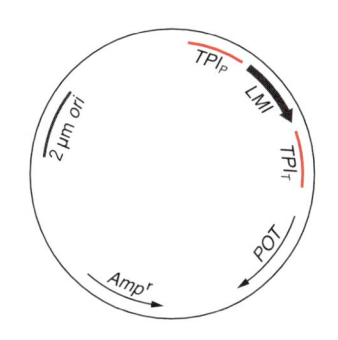

図 6・9 ミニプロインスリン生産用プラスミド．LMI：リーダー配列・ミニプロインスリン遺伝子，2 μm ori：酵母由来の 2 μm プラスミド，TPI_P：トリオースリン酸イソメラーゼプロモーター，TPI_T：トリオースリン酸イソメラーゼターミネーター，POT：TPI による Schizosaccharomyces pombe 遺伝子，Amp^r：アンピシリン耐性遺伝子

スミドを，TPI 遺伝子を欠失した Saccharomyces cerevisiae に組込んだ．トリオースリン酸イソメラーゼは図 5・18 に示されるように，グルコースからの解糖系の主要な酵素であり，この酵素がなければグルコースを炭素源として酵母は増殖できない．このように，宿主の酵母はトリオースリン酸イソメラーゼを生産できないので，プラスミドで生産されるトリオースリン酸イソメラーゼがなければグルコースを炭素源として増殖できない．つまり，プラスミドを欠失した酵母は増殖できない仕組みになっている．

遺伝子組換え酵母のみが増殖できる仕組みになっているので，遺伝子組換え酵母は大型培養槽で 4 週間程度は連続培養できる．本シリーズ第 8 巻 "生物化学工学" 第 6 章で示されているように，培養操作のなかでは連続培養が最も効率がよい．培養槽から培養液を連続的に抜きながら，同じ速度で培地を補充する．抜取った培養液から遠心分離によって酵母細胞を分離し，上清液からミニプロインスリンを精製する．この場合も合成培地を使用しているので，培養液中に分泌生産されたミニプロインスリンは比較的に純度が高く，酵母細胞由来のタンパク質などが混入する危険が少なく，したがって上清液からのミニプロインスリンの分離精製は容易である．

酵母は細胞内でジスルフィド結合を形成できる能力がある．しかし，図6・4に示したような正しいジスルフィド結合が形成され，分泌されるかどうかが問題である．図6・8に示したように，アラニン-アラニン-リシン（Ala-Ala-Lys）という短いペプチドでA鎖とB鎖を結びつけたために，インスリン前駆体内の構造的自由度が低下したが，幸いにも正しいジスルフィド結合が形成されていることがわかった．逆にいえば，正しいジスルフィド結合が形成されるように，A鎖とB鎖を結びつける短いペプチド鎖をC鎖の代わりに設計したといえる．

このようにして得られたミニプロインスリンはトレオニンブチルエステル（Thr-OBu）の存在下に有機溶媒・水の混合液中で，トリプシンによりヒト型インスリンエステルへと酵素転換される．まず，ミニプロインスリンの塩基性アミノ酸残基がトリプシンと結合してミカエリス複合体を形成する．つぎにそのアミノ酸残基のカルボキシ基がトレオニンブチルエステルのアミノ基へ転換するペプチド転移反応が，その次のアミノ酸残基との間での開裂を伴って起こる．この反応は図6・10の赤い矢印で示すB鎖の29位または結合ペプチド中のリシン（K）と次のアミノ酸残基の間で，ミニプロインスリンを開裂させる．また，B鎖の22位のアルギニン（R）と次のアミノ酸残基の間もトリプシンに反応する部分であるが，溶媒などの反応条件により抑制される．このようにして得られたヒト型インスリンブチルエステルから，加水分解によってブチル基をはずし，ヒト型インスリンを得る．さらにゲル沪

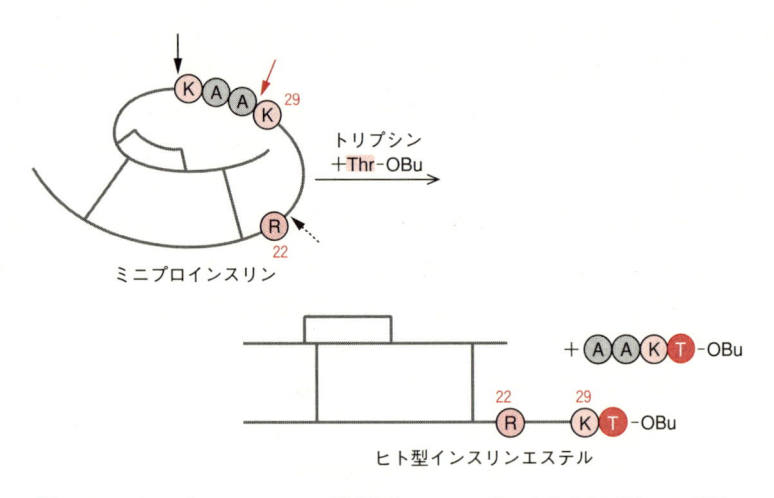

図 6・10　ミニプロインスリンの酵素転換．アミノ酸一文字表記は図6・6参照．

6・2 遺伝子組換え技術を利用したヒト型インスリンの生産

過,イオン交換クロマトグラフィーなどによる精製を経て,高純度のヒト型インスリンが得られる.

この方法によって得られたヒト型インスリンは,アミノ酸組成分析,アミノ酸配列分析,X線結晶構造解析により,ヒトの膵臓由来の天然ヒト型インスリンと差がないことが確認された.ここまで紹介したように,多くの基礎研究と工業化のための研究が多くの企業で行われた.ここでは紙面の都合で3社の研究成果だけを紹介した.その結果,最も生産システムが優れているノボノルディスク(株)が世界的な供給体制を獲得することができた.工業化することの難しさを少しは実感していただけたであろうか.このヒト型インスリン製剤は現在広く臨床に使用されている.世界的な糖尿病患者の増加に伴い,遺伝子組換え技術を利用したヒト型インスリンの量産が可能となったことの意義は大きい.

ヒト型インスリンは本来,膵臓のランゲルハンス島 β 細胞からの内分泌により血液中に供給されるホルモンであるので,皮下注射などで生体外から投与された場合,血中インスリン濃度は急に高くなり,本来の血中インスリン動態を再現するには困難な面がある.そこで,インスリンの生理活性などの必要な性質を残しながら,生体外からの投与に都合のよい性質をもった新しいインスリン類似体が研究されている.タンパク質工学的手法を用いれば,もともとのヒト型インスリンのみならず,このような新しいインスリン類似体を生産することも可能であり,近いうちに種々のインスリン類似体が供給され,臨床的に使用されるようになるであろう.

表 6・3 遺伝子組換え技術を利用して生産されている医薬品

生理活性物質	適 応 例
ウロキナーゼ	血栓溶解剤
インターフェロン(α,β,γ)	抗がん剤,B型肝炎,C型肝炎
インターロイキン2	抗がん剤,免疫障害
ヒト成長ホルモン (ソマトメジンC)	成長ホルモン欠乏症(小人症)
ヒト型インスリン	糖尿病
エリスロポエチン	腎不全による貧血,自己血輸血
B型肝炎ワクチン	B型肝炎
組織プラスミノーゲン アクチベーター(tPA)	血栓溶解剤,急性心筋梗塞
プロウロキナーゼ	急性心筋梗塞
顆粒球コロニー刺激因子(G-CSF)	白血球増強,白血球減少症
血液凝固第Ⅷ因子	血友病

遺伝子組換え技術が開発されてから，ヒトが必要に応じてごく微量つくっていた各種の生理活性物質が各種の微生物や動物細胞を培養することによって効率的に生産できるようになってきた．表6・3に示すような医薬品が生産されており，1998年には売上高3000億円を超えている．

6・3 PCR法による遺伝子断片の増幅とその応用

これまでの科学の歴史のなかで，一つのアイデアが革命的ともいえる変化をひき起こすことはそれほど珍しいことではないが，1985年にサイキ（R. K. Saiki）らによって **PCR**（Polymerase Chain Reaction，ポリメラーゼ連鎖反応）**法**が開発されてからの大発展を考えると，科学における新しい着想をすることの重要性が改めて痛感される．PCR法を開発した研究者の1人として有名なサイキの話によれば，PCR法のアイデアは化学出身の若い研究者がDNAについて勉強を始めたところで思いついたものだという．確かにPCR法の原理は新しい発見というよりも，その当時でさえ誰でも知っていたDNAポリメラーゼ反応の新しい応用である．コロンブスの卵の場合にも，答がわかっていれば至極簡単なことであるが，PCR法の場合にもその原理は以下に示すように大変単純であり，やはり最初に考えついた研究者は大天才といえよう．しかし，その単純さがPCR法の応用範囲の広さにつながっている．PCR法はその原理の単純さゆえに，研究者が各自の実験でさまざまに応用することができる強力な技術となっている．なお，本節の基本的な事柄は第3章に記載してあるので，参照してほしい．

6・3・1 PCR法の原理

§3・3に記したようにDNA上には，アデニン（A），シトシン（C），グアニン（G），チミン（T）という4種類の塩基があり，連続している3個の塩基の組合わせ（コドン）で，対応する20種類のアミノ酸が決定される．PCR法はDNAポリメラーゼ反応を利用したDNA断片の試験管内での増幅法である．§3・11にも記載されているように，DNAポリメラーゼは一本鎖のDNAを**鋳型***（テンプレート，template）として相補的なDNAを合成するが，その反応の開始には，20個程度の

---

* 鋳型: ある一本鎖DNAの塩基配列を手本として，もう1本のDNA鎖を合成する場合に，手本となる型という意．転写や翻訳の場合も含めて，一般的には，ある高分子配列を手本として，他の高分子の配列を決定する手本となる型のことをいう．

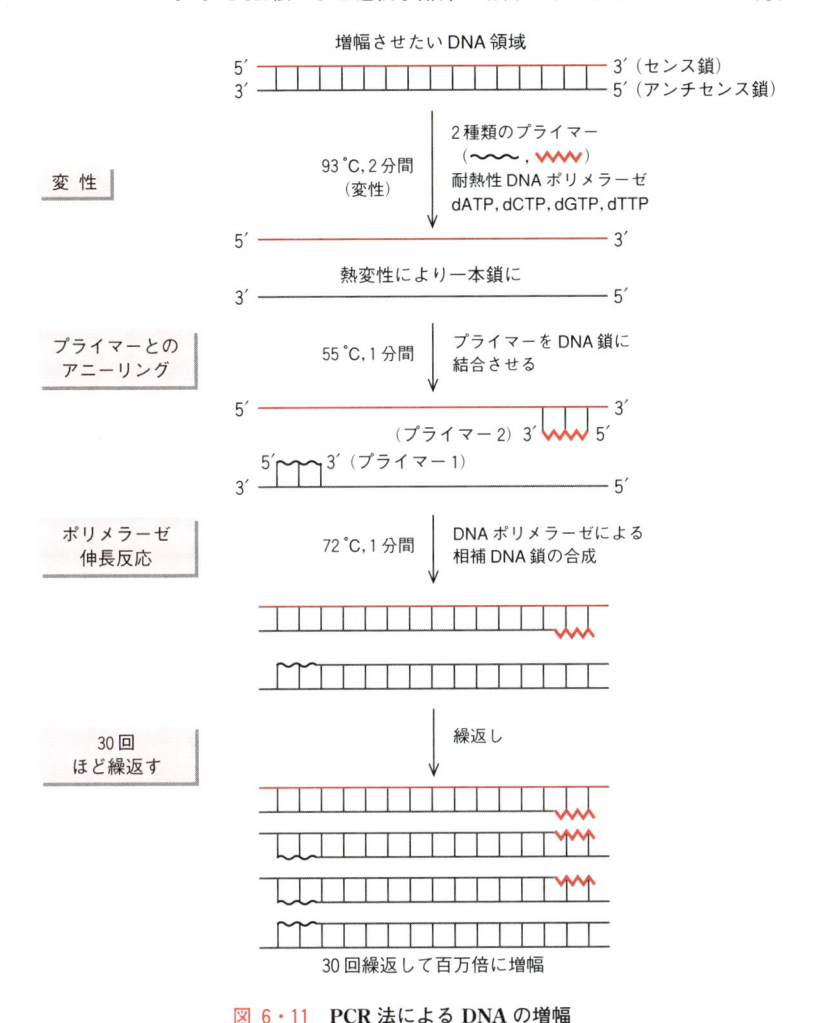

6・3 PCR法による遺伝子断片の増幅とその応用　　　161

図 6・11　PCR 法による DNA の増幅

相補的な塩基配列である**プライマー***を必要とする．したがって図 6・11 に示したように適当なプライマー 1 とプライマー 2 を利用することによって，その間に挟ま

---

*　プライマー: 短い一本鎖 DNA で，複写の出発点として機能し，もう 1 本の DNA 鎖の合成をひき起こす．

れた DNA 領域だけが合成される．このように，目的とする DNA 領域を挟む二つのプライマーを用いることにより，1 回の合成反応で目的とする DNA 領域を倍化できることになる．この DNA ポリメラーゼ反応と一本鎖の DNA にするための熱変性処理およびプライマーを一本鎖の DNA に貼り付ける（アニーリング）処理を繰返すのが PCR 法の原理であり，n 回のサイクルにより原理的には 2 の n 乗倍に DNA を増幅できることとなる．通常は 20 回ないしは 30 回繰返すので，DNA 断片は 2^{20} から 2^{30} 倍，つまり 100 万倍にも増幅される．このように，PCR 法を用いれば検体中の分析したい DNA 領域だけを 100 万倍にも増幅できるので，分析の大幅な高感度化を達成することができるようになった．PCR 法の感度は 1 分子の DNA を検出できるという驚くべきものである．

6・3・2　PCR 法の基本反応条件

　PCR 法による DNA の増幅反応の基本は図 6・11 に示したとおりであるが，個々の反応段階の基本事項についてもう少し具体的に紹介しよう．

　a. DNA ポリメラーゼ　サイキらが PCR 法を発表したときには，DNA ポリメラーゼとして大腸菌起源のクレノウ（Klenow）断片や T4 DNA ポリメラーゼが用いられていた．しかし，これらの酵素は 70 ℃ 程度の高温では短時間に失活するので，サイクルごとに酵素を加える必要があり，大変に骨の折れる作業であった．そこで，高い温度でも安定な DNA ポリメラーゼが検索され，高度好熱菌 *Thermus aquaticus* 起源の DNA ポリメラーゼである ***Taq* ポリメラーゼ**がまず開発された．一本鎖の DNA にするための熱変性処理温度である 93 ℃ においても *Taq* ポリメラーゼは比較的安定であるので，サイクルごとに酵素を加える必要がなく，反応サイクルは温度を制御すればよいだけになり，PCR 法は飛躍的に簡単になった．

　このように，PCR 法に使用されている DNA ポリメラーゼはすべて好熱性細菌起源の DNA ポリメラーゼであるが，大きく分けて真正細菌由来のものと古細菌由来のものがある．真正細菌由来のものは大腸菌 DNA ポリメラーゼ I を代表とする**ポリメラーゼ I（Pol I）型酵素**群であり，*Taq* ポリメラーゼもこのグループに含まれる．また，古細菌由来のものは，真核細胞のもつ複製酵素の一つである **DNA ポリメラーゼ α** を代表とする α 型酵素群であり，そのアミノ酸配列の相同性から分類されている．それぞれの酵素群の生化学的性質，たとえば DNA 合成速度，DNA ポリメラーゼが基質 DNA に結合してから離れるまでに合成されるヌクレオチドの数，基質特異性，阻害剤感受性なども，同じ酵素群に属するものはおおむね似てい

る．PolⅠ型酵素は，試験管内で DNA 鎖伸長活性が強いが，合成の間違いを校正するための 3′→5′ エキソヌクレアーゼ活性がないのものが多い．α 型酵素は強い 3′→5′ エキソヌクレアーゼ活性がある代わりに，DNA 鎖の伸長活性は比較的弱い．したがって，反応時間がかかってもより正確に目的の DNA 領域を増幅したい場合には，α 型酵素に属する *Pfu* ポリメラーゼなどを選べばよい．逆に，反応時間を短くして効率よく増幅したい場合には PolⅠ型の *Taq* ポリメラーゼを用いるとよいこととなる．

1969 年に米国のイエローストーン国立公園の温泉から単離された真正細菌 *Thermus aquaticus* YT1 株は，70〜75 ℃ で生育する好熱性細菌である．この菌より *Taq* ポリメラーゼが精製された．この酵素は PolⅠ型の代表的な酵素であり，ポリメラーゼ活性と 5′→3′ エキソヌクレアーゼ活性をもち，3′→5′ エキソヌクレアーゼ活性をもっていない．*Taq* ポリメラーゼの最適温度は 75〜80 ℃，最適 pH は 8.3〜8.8 である．α 型酵素に比べて DNA 合成の忠実度は低いが，一般的な PCR 法に広く用いられている．現在は，*Taq* ポリメラーゼ遺伝子が大腸菌にクローニングされており，この遺伝子組換え大腸菌から *Taq* ポリメラーゼは生産されている．大腸菌が生産するすべてのタンパク質は 80 ℃ では速やかに失活するので，遺伝子組換え大腸菌を培養し，その細胞破砕物を 80 ℃ で熱処理し，沈殿部分を取除き，上清液をクロマトグラフィーで処理することによって，比較的簡単に *Taq* ポリメラーゼが生産される．

α 型の代表的な酵素である **Pfu ポリメラーゼ** は，超好熱性の海洋古細菌（*Pyrococcus furiosus*）から単離された．この酵素は 5′→3′ ポリメラーゼ活性と 3′→5′ エキソヌクレアーゼ活性をもつ．そのため，DNA 合成の忠実度は *Taq* ポリメラーゼより 10 倍以上高い．

現在，PCR 法に求められている改良点は，増幅時間の短縮，誤増幅の防止，長い DNA 断片の増幅である．特に臨床検査，食品検査では速く，正確に DNA を合成する DNA ポリメラーゼが要求されている．しかし，*Taq* ポリメラーゼ単独では性能に限界がある．そこで，PolⅠ型酵素と α 型酵素を一定の比率で混ぜ合わせることによって，両者の長所を併せもった長い DNA 断片用の PCR 法のプロトコールも開発されている．*Taq* ポリメラーゼと比較して，より正確に長鎖 DNA の PCR を行うことができる．

今中忠行らは超好熱性の海洋古細菌（*Thermococcus kodakaraensis* KOD1 株）から α 型酵素を単離した．この酵素の機能解析を行った結果，この酵素は α 型酵素であ

るが Pol I 型酵素と比較して DNA の合成速度が速く，長い DNA を合成する能力も高いことを見いだした．実際，本酵素を用いると，*Taq* ポリメラーゼで 2 時間かかっていた PCR の反応時間を約 25 分に短縮できた．また，本酵素の 3′→5′ エキソヌクレアーゼ活性を欠失させた改変型酵素と野生型酵素とを最適な割合で混合することにより，より優れた反応効率・伸長性を得ることができた．さらに本酵素の抗体を用いることにより，PCR 反応の初期に見られる誤増幅を抑え，きわめて正確で効率のよい DNA 増幅系を確立することもできた．このように DNA ポリメラーゼの改良は今後も続けられるであろう．

b. プライマー プライマーは DNA 合成機を使用して任意の長さに合成できるが，実用的には 20 個程度の塩基配列（20 mer）が実用的である．1) プライマーが分子内（特に 3′ 末端近く）で，あるいは二つのプライマー間で二重鎖を形成しないこと，2) その配列の特異性が高く，検体中の他の領域を増幅しないこと，3) 二つのプライマーの GC 含量＊が 40〜60 % であり，互いに大きくずれていないこと，に注意を払う必要がある．しかし，特異性が高いか低いかは PCR 反応をやってみるまでわからないことも多い．1) のプライマー間の相補性の問題は特に注意を払う必要がある．反応液中ではテンプレート DNA（増幅しようとする二本鎖 DNA）に比べてプライマー濃度は圧倒的に高いので，二つのプライマーの 3′ 末端近くでのごく弱い相互作用も誤増幅を生じさせる原因になるからである．

c. dNTP（デオキシヌクレオシド三リン酸） DNA の合成反応をさせるわけであるから，その基質となる dATP，dCTP，dGTP および dTTP を添加する必要がある．使用する DNA ポリメラーゼのミカエリス定数（最大反応速度の半分の速度に対応している基質濃度，K_m 値）とも関係してくるが，かなり下げることが可能である．また，基質濃度が高すぎると誤増幅も生じやすくなるので，この意味からも高い基質濃度は好ましくない．通常 200 μM 以下の濃度が使用される．

d. アニーリング 二本鎖の DNA を一本鎖の DNA に解離させる熱変性温度は使用する DNA ポリメラーゼの失活との関連から決定され，*Taq* ポリメラーゼの場合には 93 ℃ 程度である．しかし，テンプレート DNA とプライマーのアニーリング温度は増幅する DNA 断片の GC 含量で異なる．通常，A と T の対の場合には 2 ℃，G と C の対の場合には 4 ℃ として，その合計から 3 ℃ だけ下げた値をアニー

＊ §3・3 参照．DNA が相補鎖を形成する際，GC 間は 3 本，AT（アデニンとチミン）間は 2 本の水素結合が形成されるため，GC 含量の高い生物の DNA は比較的高い温度まで安定である．

リング温度とすることが多い．55℃で20秒から2分程度がよく使用される．
図6・12に代表的なPCR反応液の組成を示す．

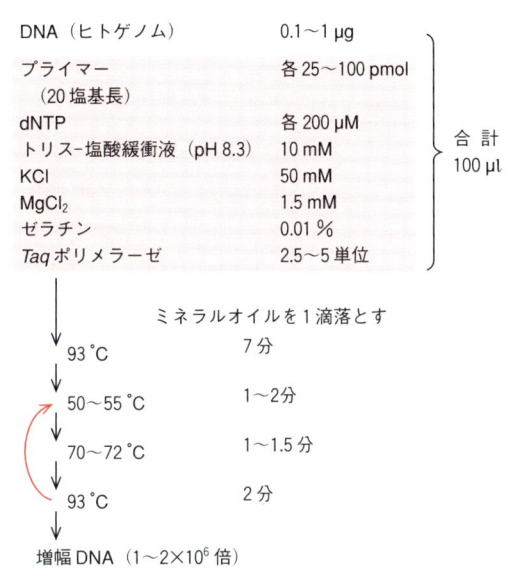

```
DNA（ヒトゲノム）            0.1～1 µg
プライマー                   各25～100 pmol
 （20塩基長）
dNTP                        各200 µM
トリス-塩酸緩衝液（pH 8.3）  10 mM         合 計
KCl                         50 mM          100 µl
MgCl₂                       1.5 mM
ゼラチン                     0.01 ％
Taq ポリメラーゼ             2.5～5単位

        ↓
              ミネラルオイルを1滴落とす
    93℃       7分
        ↓
    50～55℃   1～2分
        ↓
    70～72℃   1～1.5分
        ↓
    93℃       2分

  増幅 DNA（1～2×10⁶倍）
```

図 6・12　PCR 反 応 液 の 組 成

e. 反応サイクル　n 回のサイクルで 2^n 倍になる計算が成り立つが，実際はDNAポリメラーゼの失活，反応の進行に伴う基質（テンプレート・プライマー複合体）の増加など種々の因子の影響でこれより低い値しか得られない．通常20～30サイクルの反応が行われるが，増幅したDNAが増えてくると，それをプライマーまたはテンプレートにした二次的な反応が起こりやすくなり，非特異的なDNAの増幅をひき起こすこともあるので，反応サイクルを不必要に増加させるのはよくない．

f. PCR自動化装置　PCR反応の温度制御を自動的に行う装置がいくつかの会社から売り出されている．基本的には熱変性温度とその時間，アニーリング温度とその時間，DNAの合成温度とその時間が設定できるようになっている．これらの設定された温度の上昇，下降に要する時間が機種によって若干異なっており，温度の上昇や下降中にも反応は進行しているので，一つの機種で設定された時間条件がそのまま他の機種にあてはまるとは限らない．

PCR法は，ここに説明したように原理そのものは簡単である．そのためにかえって応用しやすく，実にさまざまな分野で利用されている．DNA構造解析，遺伝子組換え実験，遺伝病やがんの研究とその診断への応用，ウイルス研究への応用，法医学分野での応用，考古学や古生物学への応用など，幅広く利用されている．

6・4 アクリルアミドの生産

生体触媒である酵素を用いて各種の生理活性化合物などが生産されており，表6・2に示すように酵素法によって生産されているアミノ酸も多い．しかし，大量に使用される化成品を生産する化学工業プロセスに，酵素法が世界に先駆けてわが国で企業化された．固定化微生物を利用するアクリルアミドの製造法がその代表例で，1985年から日東化学工業（株）（現在は三菱レイヨン（株））で実施されている（酵素の諸性質や固定化方法の詳細は，本シリーズ第7巻"酵素工学"を参照）．

アクリルアミドはビニル系の水溶性モノマーで，その重合体である**ポリアクリルアミド**は，廃水処理剤（高分子凝集剤），紙力増強剤，石油回収剤などとして広く使用されている石油化学製品で，1997年度の世界需要は22万トン，日本でも6万トン以上に達する．

6・4・1 ニトリルヒドラターゼの発見

アクリルアミドはアクリロニトリルの水和反応によって合成されるが，この反応を触媒する新酵素**ニトリルヒドラターゼ**が京都大学の山田秀明らによって発見された．また，日東化学工業（株）でも独自にこの酵素を見いだしており，両者が協力してアクリルアミドの酵素法による工業生産が実現した．

ニトリル化合物はシアノ基（-CN）を含むため，強い求核試薬としても知られ，一般的に毒性の高い化合物であるが，自然界にはニトリル化合物を分解する微生物がいる．低濃度のアクリロニトリルを含むグルコース入り培地に土壌や活性汚泥を加えて数日間培養し，さらにアクリロニトリルを単一炭素源および窒素源とした培地で馴らしながら培養する"馴養培養"を行うことにより，アクリロニトリル資化性菌が取得できた．実際の分離の詳細は本シリーズ第7巻"酵素工学"の第1章を参照されたい．このようにして自然界から分離された多くの微生物を使用してアクリロニトリルの分解経路を調べたところ，以下に示す2種類の代謝系があることがわかった（R: $CH_2=CH-$）．

$$R-CN + 2H_2O \xrightarrow{\text{ニトリラーゼ}} R-COOH + NH_3 \qquad (6・1)$$

6・4 アクリルアミドの生産

$$R-CN + H_2O \xrightarrow{\text{ニトリルヒドラターゼ}} R-CONH_2 \quad (6・2)$$

第一の代謝系では，ニトリル化合物が反応式 (6・1) を触媒する酵素**ニトリラーゼ**によって，対応するカルボン酸とアンモニアに加水分解される．第二の代謝系では，反応式 (6・2) に示されるように，酵素ニトリルヒドラターゼによってニトリル化合物がいったん水和され，対応するアミド化合物が生成する．さらに反応式 (6・3) でアミド化合物は酵素**アミダーゼ**によって加水分解を受け，対応するカルボン酸とアンモニアに変換される．

$$R-CONH_2 + H_2O \xrightarrow{\text{アミダーゼ}} R-COOH + NH_3 \quad (6・3)$$

これらの酵素のうちで，反応式 (6・2) を触媒する酵素のニトリルヒドラターゼはこれまで報告がなく，新規な酵素であった．

ニトリルヒドラターゼによってアクリロニトリルを分解する微生物は，反応式 (6・2) で生成するアクリルアミドをさらにアミダーゼでアクリル酸とアンモニアに分解する．この性質はアクリルアミドの生産を考えた場合，不適切な性質である．そこで，アミダーゼ活性が非常に弱く（すなわち，アクリル酸の副生が低く），かつ，アクリロニトリルからアクリルアミド生産能が高い菌株がスクリーニングされた．まず，放線菌の一種である *Rhodococcus* sp. N-774 がアクリルアミド工業生産用の最初の菌株として使用された．表 6・4 に示すように，本菌のニトリルヒドラターゼは構成酵素であり，一定の酵素活性しか示さなかった．

表 6・4 アクリルアミド工業生産におけるニトリルヒドラターゼ生産菌と酵素の性質

	Rhodococcus sp. N-774	*Pseudomonas chlororaphis* B23	*Rhodococcus rhodochrous* J1
アクリルアミドに対する耐性 (%)	27	40	50
アクリル酸の副生	少しあり	ほとんどなし	ほとんどなし
分子量	70,000	100,000	520,000
酵素の誘導性と誘導物質	なし	誘導性（メタクリルアミド）	誘導性（尿素）
補欠分子金属	3価の鉄	3価の鉄	3価のコバルト
アクリルアミドの生産性 [g/g 細胞]	500	850	>7,000
アクリルアミドの終濃度 (%)	20	27	50
アクリルアミドの生産量 [トン/年]	4,000	6,000	>30,000
実用化年度	1985	1988	1991

6・4・2 アクリルアミドの工業的生産

実際の工業生産には，高活性のニトリルヒドラターゼをもつ *Rhodococcus* sp. N-774 をポリアクリルアミドで包括した固定化細胞が用いられている．図6・13に示すように固定化細胞を流動層型反応器に入れ，0〜5℃，pH 8の反応条件下で，反

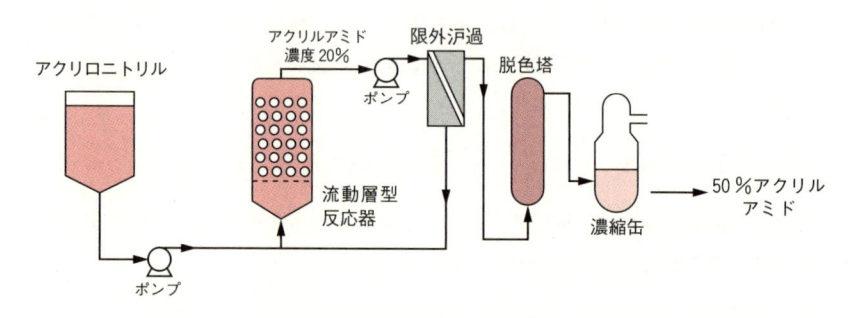

図 6・13　固定化生体触媒を用いるアクリルアミドの製造

応器中のアクリロニトリル濃度を 1.5〜2 % に保つと，ほぼ100 % の転換率で 20 % アクリルアミド水溶液が流出してくる．**流動層型反応器**とは，下側から反応液がある程度の流速で流れていると，液体の粘性のために固定化細胞が浮遊している状態になっている反応器のことで，工業的な反応器（リアクター）としてよく使用されている．得られた反応液は，濾過，脱色，濃縮工程を経て，50 %アクリルアミド水溶液として製品化された．この新製法の特徴は，0〜5℃という低温下で酵素反応を行い，ニトリルヒドラターゼ活性を低下させる作用が強いアクリロニトリル濃度を低く保つことによって酵素活性の低下を防いだ点にある．酵素反応を化学工業に適用する場合には，特別な配慮が必要になることを示唆した貴重な実施例である．

バイオリアクターの構築もまた，酵素法によるアクリルアミドの工業的生産において重要である．菌を**包括固定化**する担体であるポリアクリルアミドゲルの膨潤抑制，酵素活性を長期間維持させること，包括固定化している担体粒子径を小さくして基質や生成物の粒子内の拡散抵抗を減少させること，担体からの菌の漏出を抑制すること，流動層型反応器で固定化細胞同士がぶつかり合ってもすり減らない程度に力学的強度が高いことなどを検討し，ポリアクリルアミドによる細胞包括法が採用され，工業化への道がひらかれた．

6・4 アクリルアミドの生産

本菌株を使用する酵素法の採用により，設備費の低減，高転換率，精製工程の簡素化，エネルギー節減などの成果が得られ，従来の化学合成法では年産2万トン以上でないと採算が合わないといわれた生産規模を，年産4000トンでも採算が十分に合うまでにすることに成功した．当然，年産2万トンの生産規模であれば，採算性は非常に高くなる．

これまで開発されてきた化学合成法によるアクリルアミドの工業生産は，1970年代前半に開発された還元銅を触媒として用いるアクリロニトリルに対する**接触水和法**で行われていた．図6・14に示すように，還元銅を触媒として用いる関係から，

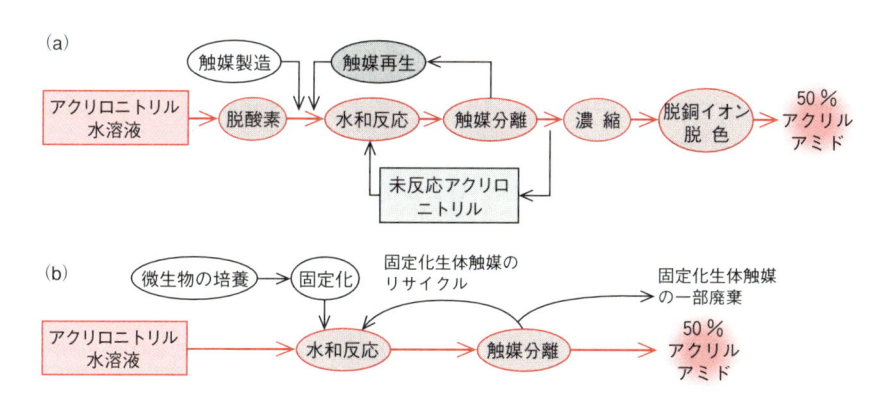

図6・14 銅触媒を用いる化学合成法 (a) と *R. rhodochrous* J1菌を使用する酵素法 (b) によるアクリルアミド生産プロセスの比較

反応液に微量溶解している酸素を完全に除去する操作や触媒の再生操作が必要であり，反応終了後に，未反応のアクリロニトリルを分離回収する操作，濃縮した反応液の脱銅および脱色処理などの操作の煩雑さなど，いくつかの欠点を有している．そこで，穏和な条件下で収率の向上が期待できるニトリルヒドラターゼを用いた酵素法によるアクリロニトリルからのアクリルアミドの生産が検討されたわけである．

さらに自然界から高いニトリルヒドラターゼを有する微生物のスクリーニングの努力がなされてきた．その結果，*Pseudomonas chlororaphis* B23菌が分離された．本菌はメタクリルアミドを誘導物質として培地に添加することにより，大量のニトリルヒドラターゼを細胞内に生成することもわかった．しかし，本菌株は培養中に

多糖由来の粘性物質を生成するため,培養後の集菌が容易でないという問題があった.そこで,本菌をニトロソグアニジンで変異処理することにより,沈降性がよく集菌が容易な粘性物質非生産株が取得された.アクリルアミドへの転換率も高く,また生成するアクリルアミド濃度は30％に達した.通常は50％アクリルアミド水溶液として製品化されるので,濃縮工程に要するエネルギー負荷は少なくなり,大変好都合である.本菌株を使用した工業生産が1988年から開始され,アクリルアミドの生産性は50％向上した.

さらに,アクリルアミド耐性能に優れ,高いニトリルヒドラターゼ活性を示す *Rhodococcus rhodochrous* J1菌が1991年から第三世代の菌株として工業生産に採用され,現在に至っている.これまで使用されてきた菌株と本菌株の比較を表6・4に示すが,本菌株は大変優れた性質をもっていることがよくわかる.基質であるアクリロニトリルはニトリルヒドラターゼ活性を強く低下させる性質がある.その濃度が5％程度で活性が激減する *P. chlororaphis* B23菌起源の酵素に比べ,*R. rhodochrous* J1菌起源の酵素は7％以上の濃度でもほとんど活性を保持し,アクリル酸の副生もほとんど認められない.本菌株では安価な尿素を用いることによって,H型酵素(後述)を細胞内可溶性タンパク質の50％以上を占めるほど,大量に生成させることが可能である.したがって,*P. chlororaphis* B23菌で使用した既存の設備がほぼそのまま利用できる.これにより,生産設備の大幅な手直しをすることなく生産性が一気に向上でき,年間生産能力は15,000トン以上に増強された.本菌株を使用した場合,アクリルアミドへの転換率は99.97％であり,生成するアクリルアミド濃度が50％にも達する.このことは大変画期的なことであり,本菌株が導入された結果,脱色・濃縮工程がほとんど不要になり,プロセスの簡素化,設備の小型化が促進された.図6・15にこれら3種類の菌株を使用した場合の反応特性を示す.*R. rhodochrous* J1菌の場合には,反応温度も3℃から13℃に徐々に高めても50％のアクリルアミドが生産でき,他の菌株とは酵素としての性能が格段に向上しているのがよくわかる.優良菌株の発見が飛躍的な生産性向上をもたらす好事例であり,図6・14に示すように,従来の化学合成法に比べて,酵素法の優位性を証明した業績として高く評価されている.

本菌株は当初,ニトリラーゼ生成菌として研究されていたが,ニトリラーゼ活性に対する培養条件の検討の過程で,培地へコバルトを添加することによってニトリルヒドラターゼ活性が出現することが発見された.ニトリルヒドラターゼ活性に対する培養条件が詳細に検討された結果,培地に尿素を添加することによって**高分子**

量型（H型）酵素が，また，シクロヘキサンカルボキサミドを添加することにより低分子量型（L型）酵素がそれぞれ選択的に生成されることが判明した．

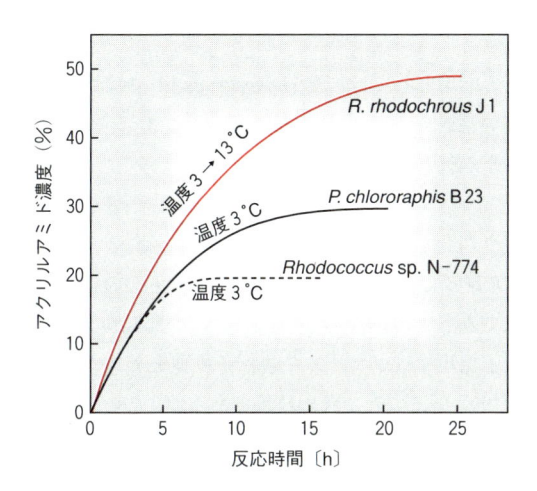

図 6・15　3種類の微生物を使用したアクリルアミド生産の反応特性の比較

ニトリルヒドラターゼによるアクリルアミド生産法の確立は，大量生産型の原料素材の生産にも省エネルギー型の酵素反応が利用できうることを示した点で画期的である．

6・4・3　ニトリルヒドラターゼの性質

ニトリルヒドラターゼを精製してタンパク質レベルで解析した結果，ニトリルヒドラターゼは鉄タイプとコバルトタイプの2種類に大別できることが判明した．すなわち，*Rhodococcus* sp. N-774 菌や *P. chlororaphis* B23 菌の酵素は3価鉄を補欠分子金属として含んでいるのに対し，*R. rhodochrous* J1菌のH型およびL型酵素は3価コバルトを含んでいた．

遺伝子組換え技術を利用して，タンパク質・遺伝子レベルでの解析がニトリルヒドラターゼに対して進められ，特に，最初に工業化された *Rhodococcus* sp. N-774 菌，*P. chlororaphis* B23 菌および *R. rhodochrous* J1 菌起源のニトリルヒドラターゼに関しては詳細な研究がなされた．特に，*R. rhodochrous* J1菌起源のH型およびL型酵素については，発現調節機構をはじめ，ニトリルヒドラターゼの活性中心の構

造, アクリロニトリルやアクリルアミドに対する耐性能などのタンパク質・遺伝子レベルでの解析が進められた. その結果, アクリルアミド生産能がさらに向上した変異酵素, あるいはアクリルアミド耐性能に優れた変異酵素がタンパク質工学的に作製されよう.

本酵素のその他の応用としては, *R. rhodochrous* J1 菌起源の L 型酵素は芳香族ニトリル化合物に高い活性があるので, 本酵素による 3-シアノピリジンから**ニコチンアミド**の工業生産が行われるようになった.

6・5 DNA マイクロアレイ技術の応用

DNA マイクロアレイは, ガラス基板上に数千〜1万の遺伝子 DNA を高密度に配列したデバイスであり, cDNA あるいはゲノム DNA とのハイブリダイゼーションによって, 遺伝子発現プロファイルや遺伝子多型をゲノムスケールで解析することを可能にした. 1991 年に公表された技術であるが, この手法により, 病態に伴って発現変動する遺伝子群の同定, あるいはシグナル伝達系や転写制御に関与する新しい遺伝子の発見などが可能となってきており, PCR 技術とともに急速に汎用化されている. なお, 遺伝子の構造と機能については第 3 章を参照されたい.

6・5・1 DNA マイクロアレイの基本

第 3 章にも記載されているように, すべての生物はゲノムとよばれる DNA から成る設計図の上に遺伝子をもち, その遺伝子の一部はタンパク質に翻訳されてその機能を発現する. DNA 上には, アデニン (A), シトシン (C), グアニン (G), チミン (T) という 4 種類の塩基があり, 連続している 3 個の塩基の組合わせ (コドン) で, 対応する 20 種類のアミノ酸が決定される. DNA 上で, 開始コドンから終止コドンまでのある程度の長さが DNA としてあれば, それは何かの機能をもった遺伝子が存在すると推測される.

現在までに 30 種類以上の生物種の全ゲノム塩基配列が決定されており, 急速にその数は増加している. ヒトに関しては, 2001 年 2 月にヒトゲノムの概要版配列が世界各国の公的機関から成る国際ヒトゲノムシークエンシングコンソーシアムと米国のセレラ・ジェノミックス (Celera Genomix) (株) からそれぞれ発表された. しかし, 全遺伝子が解明された生物のなかで, 最も研究されている生物である大腸菌でさえ, 全遺伝子 4300 個の半数近くはまだ機能が明らかになっていない. 各遺伝子の機能を解明し, 遺伝子情報を医療などに役立てていくことが, これからのポス

トゲノムプロジェクトの大きなテーマとなっている．遺伝子の機能を解明し，細胞の挙動を理解するためには，どの遺伝子がどんな環境下で，どの時期に発現しているか，といった遺伝子発現のネットワークを解明することが重要である．ゲノムプロジェクトが終了した後の全遺伝子情報を有効利用するための技術として登場してきたのが，DNAマイクロアレイ（DNAチップ）技術である．

DNAマイクロアレイとは，スライドガラスなどの固体担体の表面上に 1 cm^2 あたり数百～数千種類の DNA(**オリゴ DNA** とよばれる数十塩基程度の短い DNA や，**cDNA** とよばれる mRNA と同じ配列をもつ DNA など）を順序よく並べて固定したものである．大腸菌 4300 種類の全 ORF (Open Reading Frame：読み枠のことで，アミノ酸配列に翻訳されるコドンを含み，終止コドンを含まない mRNA のある区分．§3・7を参照）を§6・3で紹介した PCR 技術で増幅し，スライドガラス上にそれぞれ順序よくスポッティングして固定したものが，**大腸菌 DNA マイクロアレイ**とよばれる．

大腸菌培養液から，細胞を回収し，mRNA を抽出・精製して蛍光物質で標識し，この大腸菌 DNA マイクロアレイ上でハイブリダイズ（後述）させる．蛍光物質をスキャニングすることによって，DNA マイクロアレイ上でその培養環境下で発現している遺伝子のパターンを得ることができることとなる．このように，ある生物種のすべての遺伝子配列が解明されていれば，その情報をもとに DNA マイクロアレイを作製すれば，わずか1回のハイブリダイゼーションでその環境下での遺伝子の全発現情報を得ることができるわけである．

6・5・2　DNA マイクロアレイの作製方法

a. 合成型 DNA チップ　　フォドー（S. P. Fodor）らは 1991 年に，**コンビナトリアルケミストリー***と半導体製造用**光リソグラフィー****技術を合体させることにより，ガラス基盤上にポリマーを合成する技術を開発した．当初はタンパク質をガラス基盤上で合成して，薬剤スクリーニングなどに用いることが考えられていた

---

*　コンビナトリアルケミストリー：組合わせ化学，とでも訳すことができる．組合わせを利用して，多くの化合物群を効率的に合成し，それらの化合物を目的に応じて活用していく技術．医薬品開発の分野で発達した．ここでは，多種類の塩基配列をもった一本鎖 DNA を合成するための技術を意味する．

**　光リソグラフィー：半導体製造用の技術で，波長の短い光や X 線をマスクを介して目的とする部位に当て，光で反応させることによって，光を当てなかった部位だけを残して，微細な回路を作製する技術．

が，すぐにこの技術が一本鎖DNAを直接合成する方法としても有効であることが明らかとなり，半導体チップになぞらえて**DNAチップ**とよばれるようになった．図6・16に示すように，光感受性の保護基Xをつけたリンカーを基盤上に共有結合させておき，マスクを介して必要な部分だけに光を照射し，脱保護（保護基Xを

(a) プローブ作製法

(b) ハイブリダイゼーション

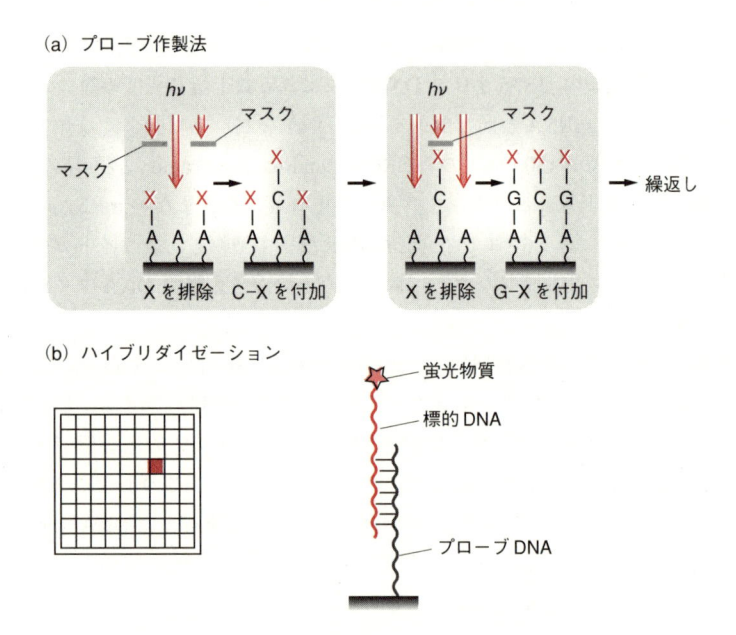

図 6・16　合成型 DNA チップの作製方法

排除する）させ，カップリング反応により最初の塩基を合成（C-Xを付加）する．つぎにマスクをずらし，先ほどとは別の場所に光を当てて脱保護させ，今度は別の塩基をカップリング反応によって合成（G-Xを付加）する．この操作を繰返してオリゴDNAを合成していく．すべてのスポットにはそれぞれ別々のオリゴDNAが合成されている．現在は，アフィメトリクス（Affymetrix）（株）からこの方法を採用したDNAチップが市販されている．光リソグラフィーではきわめて微細な表面加工が可能なので，最も集積度の高いDNAチップをつくることができる．しかし，この方法は，合成反応を繰返していく生成収率の関係で長いDNAを合成することは不可能であり，20～30塩基程度のオリゴDNAに限定される．このようにして合成したプローブDNAとハイブリダイズ（後述）させる標的DNAには蛍光物

質が付加されており，この蛍光を測定することによって，どのプローブDNAにハイブリダイズしたかがわかる仕組みになっている．DNAチップは合成して作製することもあってかなり高価（2002年4月時点で1枚あたり30〜40万円程度）である．しかし，遺伝子の1塩基対（1 bp）の違いといった子細な配列情報の識別に力を発揮するので，製薬企業ではよく使用されている．

b. **貼り付け型DNAマイクロアレイ**　米国スタンフォード大学のブラウン（P. Brown）らは，図6・17に示すようにスライドガラスにDNAを貼り付けていくタ

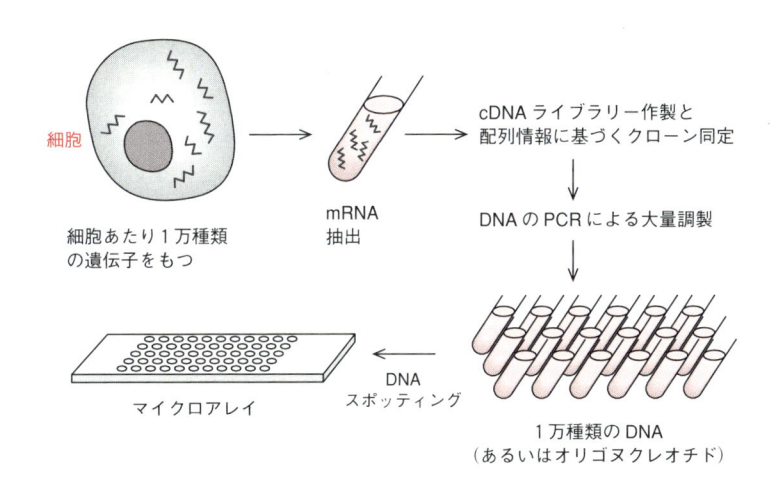

図 6・17　DNAマイクロアレイの作製方法

イプのDNAマイクロアレイを作製した．光リソグラフィー技術を用いて合成したDNAチップと基本的には同じであるが，この方法で作成した場合には**DNAマイクロアレイ**とよばれている．両者ともにDNAチップとよばれることもあるが，区別してよんだ方がよい．この方法は大がかりな半導体製造機を必要とせず，貼り付けるDNAを任意に選べるのが利点である．すべてのスポットにはそれぞれ別々のDNAを貼り付けるので，貼り付けるスポットに見合った多種類のDNAをPCRなどによって大量に調製しなければならないという煩雑さを伴う．図6・17に示すように，ある細胞が1万種類の遺伝子から成るとしよう．この細胞からすべてのmRNAを抽出し，逆転写酵素を使用してそれぞれに対応するcDNAをつくり，配列情報に基づいて同定も行う．1万種類のcDNAをそれぞれPCRで増幅する．こうして増幅したcDNAあるいはオリゴDNAをロボットを使用してスライドガラス

にスポッティングする．DNA をピン先などで物理的にスポットしていくため，DNA の高密度化に関しては光リソグラフィー方式に劣るが，たとえば直径 100 μm のスポットを 100 μm 間隔でスポットすれば，計算上 1 cm^2 に 2500 個の DNA をスポットすることができ，通常のスライドガラス 1 枚に約 1 万個の DNA を載せることができる．スポッティングされる DNA は長さの限定を受けず，オリゴ DNA でも，cDNA でもスポッティングし，固定化することができる．DNA チップほど高価ではないが，それでも 2002 年 4 月時点で 1 枚あたり 5〜10 万円程度はする．

DNA のガラスやシリコン基板上への**固定化方法**には，静電結合力による固定化法と共有結合による固定化法がある．静電結合力による固定化法では，使用するスライドガラスは，ポリリシンやポリアルキルアミンなどのポリ陽イオンで表面処理されている．このスライドガラスに cDNA などをスポットすると，ガラス表面のアミノ基（正に荷電）と DNA 中のリン酸基（負に荷電）との間の静電結合力で DNA は固定化される．

共有結合による固定化法では，あらかじめ末端に共有結合のための官能基を導入したオリゴ DNA を合成しておき，表面処理したガラスやシリコンと共有結合させる．たとえば，末端にアミノ基を導入したオリゴ DNA を，ホルミル基（−CHO）が露出したスライドガラスにスポットすると，ホルミル基とアミノ基間に生成される共有結合を通じて DNA はスライドガラスに固定化される．スポットした DNA がはがれにくいので，最近はこの固定化方法が主流である．

大腸菌用の DNA マイクロアレイ，ヒトやマウスの cDNA や酵母 *Saccharomyces cerevisiae* の 6000 遺伝子を載せた DNA マイクロアレイなどが市販されている．急速に多種類の DNA マイクロアレイが市販されるようになっているので，近い将来は特定の微生物あるいは生物用の DNA マイクロアレイが自由に購入できるようになろう．また，ヒトの各臓器専用のオリジナルアレイの作製も各所で行われている．

6・5・3 DNA マイクロアレイを用いた実験法

a. ハイブリダイゼーション　DNA マイクロアレイを用いた実験は，要約すればハイブリダイゼーション実験である．ハイブリダイゼーションとは，一本鎖 DNA は相対応する一本鎖 DNA と水素結合し，二本鎖 DNA になる性質を利用したものである．DNA 上の塩基 A（アデニン），C（シトシン），G（グアニン），T（チミン）は図 3・6 で説明されているように，A−T の対と G−C の対で水素結合によっ

6・5 DNAマイクロアレイ技術の応用

て結ばれている．図6・11でも説明したように，二本鎖DNAを加熱すると水素結合が切れて一本鎖DNAになり，温度が下がると元の対に戻って，二本鎖になる．DNAはこの対が部分的であっても結合するので，DNAマイクロアレイに固定化されたDNAを一本鎖にして試料DNA溶液をマイクロアレイ上にふりかければ，試料DNAは対を組めるDNAにのみ結合する．この実験操作を**ハイブリダイゼーション**という．試料DNAをあらかじめ蛍光物質で標識しておき，ハイブリダイズした後で余分のDNAを洗浄して流してやれば，対が組めた試料DNAのみがDNAマイクロアレイ上に残る．蛍光をスキャニングによって検出すれば，どのスポットにハイブリダイズしたかという情報が得られる．

b. 二蛍光標識法　　遺伝子発現量の比較解析を行うためのDNAマイクロアレイは，オリゴDNAを固定化したものでも，cDNAを固定化したものでもどちらでも構わない．DNAマイクロアレイの応用法としてよく使用されるのが**二蛍光標識法**である．現在よく行われている遺伝子発現解析の主流は，この二蛍光標識法を用いて二つの細胞間での遺伝子発現の差を見ることである．その原理は，二つの異なるmRNA試料をそれぞれ異なる蛍光で標識し，同一マイクロアレイ上で競合的ハイブリダイゼーションを行って，両方の蛍光を測定・比較することで遺伝子発現の差を検出するというものである（図6・18）．蛍光色素には現在，赤色のCy3（励起波長: 543 nm，蛍光波長E_m: 570 nm）と緑色のCy5（励起波長: 633 nm，蛍光波長E_m: 670 nm）が最もよく用いられているが，この二つの色素には蛍光波長の重なりがほとんどないので，二蛍光標識法に最適である．二つの異なるmRNA試料を混合してDNAマイクロアレイ上でハイブリダイズし，543 nmと633 nmの波長でスキャニングし，570 nm，670 nmの波長の蛍光強度を計測する．

まず，比較したい細胞ががん細胞と正常細胞としよう．両者の細胞からmRNAを抽出精製し，それぞれ異なる蛍光物質で標識する（仮に，がん細胞をCy3で標識し，正常細胞をCy5で標識したとする）．つぎに，標識された両mRNAを混合し，DNAマイクロアレイ上でハイブリダイズする．スキャナーを用いてDNAマイクロアレイ上の赤の蛍光と緑の蛍光をスキャニングすると，がん細胞に特異的に発現している遺伝子のスポットは赤色の蛍光を発し（図6・18），逆に正常細胞に特異的に発現している遺伝子のスポットは緑色の蛍光を発し，両者の細胞に同程度発現している遺伝子のスポットは，中間の黄色の蛍光を発する．また，両者でともに発現していない場合には蛍光はほとんどない．解析ソフトウェアで，それぞれの蛍光画像をオーバーラップさせ，各スポットにおけるそれぞれの蛍光量を計算させ，

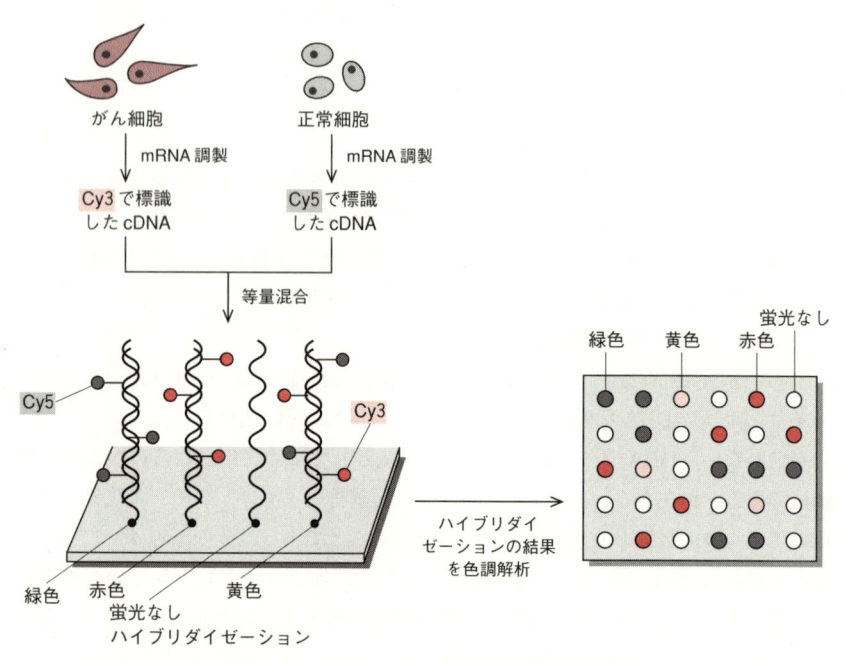

図 6・18 二蛍光標識法の原理

mRNA の量比を算出する．

c. 遺伝子多型解析実験　DNA マイクロアレイを用いて遺伝子多型*解析をすることもできる．遺伝子多型解析を行うための DNA マイクロアレイは，オリゴ DNA を固定化したものである．オリゴ DNA は，その配列の中央部分に 1 塩基のみ異なる配列をもつように，各塩基ごとに 4 種類をデザインする．したがって解析したい塩基数を n とすると $4 \times n$ 個オリゴ DNA を合成する必要がある．合成したオリゴ DNA をスポッティングし，共有結合にて固定化して DNA マイクロアレイを作製する．試料をこのマイクロアレイ上でハイブリダイズすると，パーフェクトマッチしたオリゴ DNA がミスマッチしたものよりも強くハイブリダイズするので，一番強く検出されるスポットを順番に読んでいくことによって，配列に関する

＊　遺伝子多型: 一つの遺伝子座に複数の対立遺伝子が存在すること．ABO 式の血液型遺伝子座が代表的なもの．最近は SNPs とよばれる一塩基置換の多型が注目されており，がんの薬で，副作用が強く現れる患者とそうでない患者の違いなどはこの SNPs によるのではないかといわれている．この 1 塩基の差により，遺伝子の発現や，発現された遺伝子産物の機能に差が生じることがある．

情報が得られる.

6・5・4 DNAマイクロアレイの読み取り方法,解析方法

DNAマイクロアレイを読み取るには,スライドガラスなどの固体担体表面上の100〜150 μm程度のスポットを読み取らなければならず,専用の読み取り装置である**スキャナー**が必要である.スポット同士があまり離れていないので,解像度としては10 μm程度であり,570 nmと670 nmの波長に代表されるように2種類の蛍光を読み取れること,さらには感度を変えてスキャニングする場合が多いため,スキャニング速度は速ければ速いほどよい.DNAマイクロアレイ読み取り装置としては,感度や解像度,高いS/N比(信号/雑音比)などの理由から,共焦点レーザースキャニング方式を採用したスキャナーが一般的であり,市販されている.

DNAマイクロアレイを用いた実験では,1回のハイブリダイゼーションで数千から1万の各スポットのデータが得られるため,解析はコンピューターに頼らざるをえない.その際,スポットを自動認識し,各スポットにおける蛍光強度の計算と比較を行うソフトウェアを利用する.

6・5・5 DNAマイクロアレイの応用例

a. 遺伝子発現プロファイル解析　細胞が外部からの刺激を受けた場合に,全遺伝子の**発現プロファイル解析**を行うことによって系統的な機能解析が行える.たとえば,がん細胞の遺伝子発現プロファイルを正常細胞と比較することによって,がん化のメカニズムを明らかにし,標的遺伝子を解明し,抗がん剤の開発につなげることができる.その一つの例として,がん関連遺伝子に直接的あるいは間接的に関連する遺伝子を網羅的に探索した研究を紹介しよう.

がん抑制遺伝子のなかで*p53* 遺伝子は大変重要である.しかし,*p53* 遺伝子は最も高頻度に変異が認められるがん抑制遺伝子でもあり,変異すれば正常でないp53タンパク質が生成し,その細胞はがん化しやすい.*p53* 遺伝子はその標的遺伝子の特異的なDNA配列に結合し,転写を活性化する転写因子である.*p53* 遺伝子を導入したアデノウイルスをがん細胞株に感染させ,*p53* 遺伝子の発現量を強制的に上昇させた場合に,発現が上昇する遺伝子は,p53タンパク質によって転写が活性化される下流遺伝子である可能性がある.それらの時系列的変化をいくつかのグループに分けるクラスター解析により,発現が初期から上昇し続けるものや,時間がたってから上昇するもの,一過性のものなど,いくつかのグループに分けること

ができた．これらの解析から，*p53* 遺伝子に関するがん抑制の機序が解明されようとしている．

b. SNPs DNA マイクロアレイの応用分野で非常に注目されているのが，**SNPs**（Single Nucleotide Polymorphisms，**一塩基多型**）とよばれる一塩基置換の多型である．がんの薬で，副作用が強く現れる患者とそうでない患者の違いなどはこの SNPs によるのではないかといわれており，ヒトのゲノム DNA 上に数百万箇所あるといわれている．この 1 塩基の差により，遺伝子の発現や，発現された遺伝子産物の機能に差が生じる．たとえば，ストレプトマイシンに代表されるアミノグリコシド系抗生物質を服用すると，一部の人は難聴の副作用を起こすが，この原因はミトコンドリア DNA の 1555 番目の塩基が A（アデニン）から G（グアニン）に置換していることによる代謝活性低下による，すなわち一塩基多型であることがわかっている．この SNPs による遺伝子産物の質的・量的な相違を考慮した個別の診断治療（**オーダーメイド医療**）を実施しようというアイデアがある．DNA マイクロアレイを用いることによって一度に数百から数千の SNPs を同定することができるため，DNA マイクロアレイをオーダーメイド医療に役立てることができるという期待が高まっている．

1995 年に初めて DNA マイクロアレイを用いた遺伝子発現モニタリングの論文が出たときには，わずかに 48 個の遺伝子が載っているだけであったが，最近は 1 万個の遺伝子が 1 枚の DNA マイクロアレイに載っており，その遺伝子の発現状況を解析できるようになってきた．関連ホームページを集めたリンクも公開されており，多くの情報を得ることができる．DNA マイクロアレイは今後さらに改良が進められ，重要なツールとして成長していくものと思われる．しかし一方で，DNA マイクロアレイが一般に普及するまでには，まだ乗り越えなければならないいくつかのハードルがある．どのような DNA をいくつ貼り付けていけばよいのか．本当に全部の遺伝子が必要なのか，一部でよいのか．一部ならばどのような遺伝子を選ぶべきなのか，といった問題である．これらの問題点を解決しつつ，DNA マイクロアレイは，多くの生物学および医学の研究分野に急速に浸透していくであろう．

参 考 図 書

第1章
1) "細胞はどのように生まれたか（高校生に贈る生物学5）", 黒岩常祥 著, 岩波書店 (1999).
2) "生命は熱水から始まった（科学のとびら24）", 大島泰郎 著, 東京化学同人 (1995).
3) "パストゥール ビールの研究", 斎藤日向 監修, 竹田正一郎, 北畠克顕 共訳, 大阪大学出版会 (1995).
4) "微生物学（原書第5版）", R. Y. スタニエ, J. L. イングラム, M. L. ウィーリス, P. R. ペインター 共著, 高橋 甫, 斎藤日向, 手塚泰彦, 水島昭二, 山口英世 共訳, 培風館 (1989).〔第1章 微生物学の歴史〕

第2章
1) "微生物学（原書第5版）", R. Y. スタニエ, J. L. イングラム, M. L. ウィーリス, P. R. ペインター 共著, 高橋 甫, 斎藤日向, 手塚泰彦, 水島昭二, 山口英世 共訳, 培風館 (1989).〔第6章 原核細胞における構造と機能との関係, 第7章 微生物の増殖〕
2) "細胞の分子生物学（第3版）", B. Alberts, D. Bray, J. Lewis, M. Raff, K. Roberts, J. D. Watson 著, 中村桂子, 藤山秋佐夫, 松原謙一 監訳, ニュートンプレス (1995).〔第1章 細胞の進化, 第18章 細胞分裂の仕組み〕

第3章
1) "ヴォート 生化学", 第2版, D. Voet, J. G. Voet 著, 田宮信雄, 村松正実, 八木達彦, 吉田 浩訳, 東京化学同人 (1996).〔第V部 遺伝情報の発現と伝達〕
2) "微生物学（原書第5版）", R. Y. スタニエ, J. L. イングラム, M. L. ウィーリス, P. R. ペインター 共著, 高橋 甫, 斎藤日向, 手塚泰彦, 水島昭二, 山口英世 共訳, 培風館 (1989).〔第10章 微生物遺伝学：遺伝子発現と突然変異〕
3) "基礎分子生物学", 第2版, 田村隆明, 村松正實 著, 東京化学同人 (2002).
4) "細胞の分子生物学（第3版）", B. Alberts, D. Bray, J. Lewis, M. Raff, K. Roberts, J. D. Watson 著, 中村桂子, 藤山秋佐夫, 松原謙一 監訳, ニュートンプレス (1995).〔第9章 遺伝子発現の調節〕

第4章
1) "入門 生物地球化学", 山中健生 著, 学会出版センター (1992).
2) "生体膜と生体エネルギー", D. G. ニコルズ 著, 西崎友一郎 訳, 培風館 (1984).
3) "ポンプとトランスポーター（シリーズ・ニューバイオフィジックスII-3）", 平田 肇, 茂木立志 編, 共立出版 (2000).〔序章 イオンポンプとトランスポーター〕

4) "レーニンジャー生化学（上）", 第2版, A. L. Lehninger 著, 中尾 真 監訳, 共立出版 (1977).〔第14章 代謝経路とエネルギー伝達経路, 第15章 生体エネルギー学の原理と ATP サイクル, 第19章 酸化的リン酸化, ミトコンドリアの構造, 呼吸代謝の区画化, 第22章 光合成における電子輸送とリン酸化〕

第5章
1) "新・入門酵素化学（改訂2版）", 西澤一俊, 志村憲助 編, 南江堂 (1995).
2) "レーニンジャー生化学（上）", 第2版, A. L. Lehninger 著, 中尾 真 監訳, 共立出版 (1977).〔第8章 酵素: 反応速度論と阻害, 第9章 酵素: 反応機構, 構造, 調節, 第16章 解糖, 第17章 トリカルボン酸サイクルとホスホグルコン酸経路〕

第6章
1) §6・1（グルタミン酸の微生物による生産）の参考文献
   ・鵜高重三, 発酵と工業, **41**, 763 (1983).
   ・"アミノ酸発酵（下）", 木下祝郎, 田中勝宣 著, アミノ酸・核酸集談会 編, p.1, 共立出版 (1972).
2) §6・2（遺伝子組換え技術を利用したヒト型インスリンの生産）の参考文献
   ・森原和之, 農芸化学会誌, **60**, 841 (1986).
   ・二宮一敏, 臨床分子医学, **2**, 1054 (1994).
3) §6・3（PCR法による遺伝子断片の増幅とその応用）の参考文献
   ・榊 佳之, 村松正実, 高久史磨 編, 実験医学, **8**, No.9 (1990).
   ・今中忠行, バイオサイエンスとインダストリー, **59**, 813 (2001).
4) §6・4（アクリルアミドの生産）の参考文献
   ・山田秀明, 浅野泰久, 谷 吉樹, 化学と工業, **36**, 101 (1983).
   ・小林達彦, 清水 昌, 蛋白質 核酸 酵素, **44**, 42 (1999).
   ・足名芳郎, 渡辺一郎, 化学と工業, **43**, 1098 (1990).
5) §6・5（DNAマイクロアレイ技術の応用）の参考文献
   ・"DNAマイクロアレイと最新PCR法（細胞工学別冊ゲノムサイエンスシリーズ）", 村松正明, 那波宏之 監修, 秀潤社 (2000).
   ・荒川博文, 中村祐輔, 実験医学, **18**, No.16, 2204 (2000).

索　引

あ

アカパンカビ　39
アーキア　12
アクリルアミド
　　──の生産　166
アクリロニトリル　166
アスパラギン　52
アスパラギン酸　52
アセチル CoA　128, 137
アセチルリン酸　119
アデニン　42
アデノシン 5′-三リン酸
　　　　　　　　　76, 116
アデノシン 5′-二リン酸　76
アニーリング　43, 162
アミダーゼ　167
アミノアシル tRNA　55
アミノ酸　52
　　──の生産量とおもな製法・
　　　　　　　　用途　144
アミノ末端　54
アラニン　52
rRNA　19, 47
RNA　9
　　──と転写　47
　　──の構成成分　42
　　──の構造　46
RNA プライマーゼ　59
RNA ポリメラーゼ　48
RNA ポリメラーゼⅡ　49
RNA ワールド　11, 70
R 型菌　40
アルギニン　52
アルコール発酵　112
　　──における酵母の発見
　　　　　　　　　　　113
　　Zymomonas の──　114

rDNA　24
アルブミン
　　──の生産　154
アロステリック酵素　109
　　──による酵素活性の調節
　　　　　　　　　　　108
アロステリック部位　109
アンチコドン　54
アンチセンス鎖　48

い

EMP 経路　135
鋳　型　48, 160
異化代謝
　　──とエネルギー生成　110
　　──における ATP と
　　　　NAD(P)の役割　116
異化反応　73, 106
イーグルの最少基本培地　31
イソクエン酸　137
イソクエン酸リアーゼ　126
イソロイシン　52
イソロイシン生合成経路　106
一遺伝子一酵素説　39
一塩基多型　180
遺伝子
　　──の構造と機能　37
遺伝子組換え
　　──技術による医薬品　159
　　──技術によるヒト型インス
　　　　　リンの生産　149
　　──による遺伝子の導入と
　　　　　　　　発現　67
遺伝子多型　178
遺伝子地図　39
遺伝子導入　65
遺伝子発現プロファイル解析
　　　　　　　　　　　179

遺伝情報　18
　　──を担う物質　40
遺伝要素　37
イニシエーター　61
医薬品
　　遺伝子組換え技術により生産
　　　　される──　159
インスリン　149
　　──の一次構造　149
　　──の遺伝子組換え技術によ
　　　　る生産　151
　　──の酵素法による生産
　　　　　　　　　　　149
隕　石　11
イントロン　50, 70

う

ウイルス　16
ウース，C.R.
　　──の生物の分類　12
宇宙塵　11
ウラシル　42

え

栄養源
　　──の代謝経路への流入
　　　　　　　　　　　111
　　──の取込み　123
　　──の分解反応　110
栄養細胞　21
5′→3′ エキソヌクレアーゼ　60
エキソン　50, 70
液　胞　25
SNPs　180
SOD（スーパーオキシドジス
　　　　ムターゼ）　84

索引

S型菌 40
S期 29
SGI（イニシエーター構造遺伝子） 61
SD配列 49
ATP（アデノシン5′-三リン酸） 76, 116
　——の構造 117
　発酵による——の合成 118
ADP（アデノシン5′-二リン酸） 76
ATP合成
　発酵と呼吸による—— 77
ATP合成酵素 76, 86
　——の構造模式図 95
ATP生成量 122
NAD 118
　——の構造 117
NADH 117
NADH脱水素酵素 92
NADPH 138
　——とNADHとの違い 139
NADP還元酵素 93
N末 54
N末端 54
エネルギー
　——の生成と消費 73
F₀ 94
F₁ 94
F因子 64
FAD 120
mRNA 19, 47
　——の成熟過程 51
　——のヌクレオチド配列とアミノ酸の対応 54
M期 29
M9培地 28
エムデン・マイヤーホフ・パルナス経路 135
エントナー・ドゥドルフ経路 114
エンハンサー 50

お

ORF 49
岡崎断片 60
オキサロ酢酸 128, 137
2-オキソグルタル酸 128, 137
オーダーメイド医療 180
汚泥
　——中の嫌気呼吸と物質循環 80
オープンリーディングフレーム 49
オペレーター 49, 110
オペロン 110
オルガネラ 23

か

開始コドン 54
回転子 94
解糖系 110, 135
　——の各酵素反応 136
回文構造 67
外膜 21
化学共役説 88
化学合成生物 81
化学合成無機栄養生物 79
化学合成有機栄養生物 79
化学進化 11, 75
化学浸透圧説 88
核 24
核孔 24
核小体 24
核膜 24
核様体 18
加水分解酵素 24
カタラーゼ 24, 84
褐色脂肪細胞 99
活性酸素 24, 84
　——と細胞の寿命 36
活性部位 105
褐変化 148
滑面小胞体 24
可溶性因子 69
カルビンサイクル 130
　——による炭酸固定反応 129
カルビン・ベンソンサイクル 130
カロチノイド 25
間期 29
環境浄化 80
還元エネルギー
　——の生成 138
還元電位 100

　——と呼吸 85
酸化還元エネルギーと—— 100
酸化還元分子の—— 101
還元反応 100
還元ポテンシャル 101

き

基質 25
基質レベルのリン酸化 86, 118
基礎代謝量 133
基本転写因子 50
逆転写 47
逆転写酵素 68
キャップ 51
休止期 27
共生 14
莢膜 40

く

グアニン 42
グアノシン5′-三リン酸 55
空胞 25
クエン酸 137
クエン酸サイクル 110, 135
　——と呼吸によるエネルギー生成 120
　——の各酵素反応 137
組換え 39
グラム陰性菌 23
グラム陽性菌 23
グリオキシル酸サイクル 126
グリコーゲン
　——の代謝経路への流入 111
グリシン 52
クリステ 25
グリセルアルデヒド3-リン酸 136, 139
グルコース 136
　——からのATP生成 121
グルコース輸送タンパク質 123
グルコース6-リン酸 128, 136
グルタミン 52

索　引

グルタミン酸　52
　——の微生物による生産　141
グルタミン酸生産菌　141
　——の代謝転換　143
グルタミン酸ナトリウム　141
グルタミン酸発酵　147
クレノウ断片　61
クレブスサイクル　137
クロロフィル　25, 82
　——と光合成　84
群体　17

け

形質転換　63
形質転換活性　40
血液（人工）　154
結核菌　107, 126
ゲノム解析　107
ゲノムサイズ　107
原核細胞　18
　——の細胞周期　26
　——の増殖と機能の利用　25
嫌気呼吸　78
　——と環境浄化　80
減衰期　27

こ

コア酵素　49
高エネルギー化合物　116
好気呼吸　78, 84
好気性細菌　13
光合成
　——と酸素の発生　82
光合成生物　80
　——のエネルギーの流れ　74
　——の電子移動　83
光合成電子伝達系　90
コウジ菌　6
紅色細菌　14
合成型DNAチップ　173
　——の作製方法　174
校正能力　60
合成培地　27
抗生物質　32

酵素　103
　——量の転写レベルでの調節　109
構造遺伝子　61
構造領域　49
酵素反応
　——と化学反応　104
　——の速度　105
鉱物化　81
酵母　6
　——のゲノムサイズ　107
　遺伝子組換え——　156
5′側　49
呼吸　76
呼吸鎖　120
呼吸鎖電子伝達系　90
古細菌　10, 12
枯草菌　21
　——の超薄切片電子顕微鏡像　21
固定化生体触媒　168
固定化方法
　DNAの——　176
コード鎖　48
コドン　54
コハク酸　102, 137
コハク酸脱水素酵素　92
Corynebacterium glutamicum　142
ゴルジ体　24
コンパートメント　89
コンピテント　64
コンビナトリアルケミストリー　173
根粒菌　131

さ

細菌　12
　——の構造と機能　18
　——の増殖経過　27
　——のべん毛運動　97
Cy3　177
Cy5　177
細胞　14
　——の大きさ　16
　——の構造と機能　18
　——の寿命　34
細胞運動　96

細胞質　19
細胞周期　25
　真核生物の——　29
　大腸菌の——　26
細胞小器官　23
細胞説　17
細胞増殖　27
　——とエネルギー代謝　132
細胞壁　19, 25
細胞膜　19
　——の構造とリン脂質　20
Zymomonas
　——のアルコール発酵　115
サイレンサー　50
酢酸キナーゼ　119
坐骨神経　16
Saccharomyces cerevisiae（酵母）　156
酸化還元反応　100
酸化酵素　24
酸化的リン酸化　86
酸化反応　100
3′側　49
酸素呼吸　78
酸素ラジカル　100

し

シアノバクテリア　12, 84
　——の電子の流れ　83
G期　29
G_0期　29
G_1期　29
G_2期　29
シグナルペプチド　56, 152
シグマ（σ）因子　49
始原真核生物　23
始原生命体
　——と進化　13
GC含量　43, 164
脂質
　——の代謝経路への流入　111
脂質二重層　19
システイン　52
自然発生説　2
cDNA　68
GTP（グアノシン5′-三リン酸）　55

索 引

シトクロム 83
シトクロムオキシダーゼ 84, 92
シトクロム c 92
シトクロム b_6f 94
シトクロム bc_1 92
シトシン 42
ジニトロゲナーゼ 131
ジヒドロキシアセトンリン酸 136
死滅期 27
シャイン・ダルガーノ配列 49
シャルガフの法則 44
終止コドン 54
従属栄養生物 75
——のエネルギーの流れ 74
Pseudomonas chlororaphis B 23 167
酒母 5
受容体 70
情報伝達機構 48
初期光合成生物
——の電子の流れ 83
触媒部位 105
植物細胞 14
ショ糖（スクロース）104, 145
c リング 94
進化 11
真核細胞
——の mRNA 合成と転写 50
——の mRNA 成熟過程 51
——の構造と機能 23
——の増殖と機能の利用 29
真核生物 12
——の細胞周期 30
人工血液 154
真正細菌 12
伸長因子 55

す

水素エンジン 90
杉玉 7
スキャナー 179
スクシニル CoA 137
スクロース 145
——の加水分解 104
ストロマ 25

スーパーオキシドジスムターゼ 36, 84
ズブチリシン 61
スプライシング 51, 70
スプライソソーム 70
スポッティング 176

せ, そ

制限酵素 65
——による DNA の切断 67
生合成経路 128
生合成反応 106
——とエネルギー消費 123
静止期 27
清酒 5
成熟型 57
生体成分 125
生命
——の起原 10, 75
——の進化 11
生命現象 1
生命体
——を構成する成分 4
セカンドメッセンジャー 70
セコイアメスギ 16
世代時間 33
接合 64
接触水和法 169
セリン 52
遷移状態 103
前駆体
生合成のための—— 125
染色体 24, 38
——の複製 26
センス鎖 48
セントラルドグマ 47

増殖因子 69
増殖曲線 27
相補的 68
粗面小胞体 24

た

代謝 107
エネルギーの流れと—— 73

代謝回転 106
代謝回転数 106
代謝経路 107
——の調節 108
対数増殖期 27
大腸菌 4
——細胞の平均的組成 8
——の遺伝子構造 48
——のゲノムサイズ 107
——の細胞周期 26
——の超薄切片電子顕微鏡像 19
ペニシリンで処理した—— 32
大腸菌 DNA マイクロアレイ 173
対糖収率 144
対立遺伝子 37
多細胞生物 17, 29
脱塩素反応 81
脱共役タンパク質 99
脱窒反応 81
ターンオーバー 106
ターンオーバー数 106
単細胞生物 17
炭酸固定反応 129
タンパク質 9
——の機能発現 56
——の合成 53
——の代謝経路への流入 111
——を構成するアミノ酸の種類 52

ち

遅滞期 27
窒素固定反応 131
チトクロム → シトクロムをみよ
チミン 42
中央代謝経路 110, 135
——とエネルギーの流れ 112
チラコイド（膜）25, 93
チロシン 52
沈降係数 47

索引

——の代謝経路への流入 111
日本酒 5
乳酸発酵 112

て

tRNA 47
　——の構造 55
trp プロモーター 152
Taq ポリメラーゼ 162
DNA
　——鎖伸長の模式図 60
　——の温度による解離 43
　——の構成成分 42
　——の構造 43
　——の二重らせんモデル 44
　——の複製 58
　——複製開始の制御 61
DNA チップ 174
DNA ポリメラーゼ 59, 162
DNA ポリメラーゼⅠ 162
DNA ポリメラーゼⅢ 59
DNA マイクロアレイ 172
　——の作製方法 173, 175
　——の読み取り方法 179
TFIID 50
低温殺菌法 4
テイコ酸 22
TCA サイクル 110, 137
定常期 27
T2 ファージ 41
デオキシリボース 42
デオキシリボヌクレオシド 42
デオキシリボヌクレオチド 42
"鉄-硫黄" 化合物 82
［2Fe-2S］型 82
［4Fe-4S］型 82
"鉄-硫黄" 世界 76
テロメア 35
テロメラーゼ 35
転移 RNA 47
電気穿孔法 64
電子供与体 100
電子受容体 100
電子伝達反応 82
転写 47
転写制御配列 50
転写調節 48
転写調節領域 49
天然培地 27
テンプレート 160
デンプン 145

と

同化反応 73
糖新生 125
糖尿病 149
糖蜜 148
独立栄養生物 75
　——のエネルギーの流れ 74
独立の法則 38
突然変異 38
トリオースリン酸イソメラーゼ 156
トリプトファン 52
トリプトファンプロモーター 152
トレオニン 52, 106

な

内腔 24
内生胞子 21
内毒素 22
納豆菌 21
Na^+/K^+-ATP アーゼ 124

に

肉汁培地 28
二蛍光標識法 177
　——の原理 178
ニコチンアミド 172
ニコチンアミドアデニンジヌクレオチド 118
二酸化炭素
　——の固定 129
二重らせんモデル 44
ニトリラーゼ 167
ニトリルヒドラターゼ 166
　——の性質 171
ニトロゲナーゼ 131
　——による窒素固定反応 132

ね, の

熱生成
　——と脱共役タンパク質 99
熱変性 43
粘着末端 67
燃料用アルコール 114
濃色効果 43

は

バイオレメディエーション 81
培地 26
　細菌培養用の—— 28
　動物細胞培養用の—— 31
廃糖蜜 148
ハイブリダイゼーション 176
パスツール, L. 3
　——とアルコール発酵 113
発現プロファイル解析 179
発酵 76
　——と嫌気呼吸 77
　——と呼吸の違い 76
発電 81
貼り付け型 DNA マイクロアレイ 175
バリン 52, 54
半合成培地 28
半保存的複製
　染色体の—— 59

ひ

P1 ファージ 65
火入れ 4
Pfu ポリメラーゼ 163
光エネルギー
　——を利用する生物 82
光合成 → 光（コウ）合成をみよ
光反応中心Ⅰ 94
光反応中心Ⅱ 92

光リソグラフィー 173
光リン酸化 86
Pichia（酵母） 154
p53 遺伝子 179
非コード鎖 48
PCR 反応液 165
PCR 法
　――による遺伝子断片の増幅 160
　――の基本反応条件 162
　――の原理 160
ヒスチジン 52
1,3-ビスホスホグリセリン酸 118, 136
微生物
　――のタンパク質遺伝子の数 107
微生物除去 81
ヒト型インスリン 149
P700 94
肥　満
　――とプロトン駆動力 98
標準還元電位 101
表面抗原 29
ピリミジン 42
ピルビン酸 128, 136, 137
ピルビン酸キナーゼ 119
P680 92
ピロリ菌 107

ふ

ファージ 8
　T2―― 41
　P1―― 65
　λ―― 65
フィードバック調節 109
封入体 58
　細菌細胞内に形成された―― 57
フェニルアラニン 52
フェレドキシン 93
複合体 I 92
複合体 II 92
複合体 III 92
複合体 IV 92
複製（DNA の） 47, 58
付着性細胞 2, 103
付着末端 67

物質循環 80
物質代謝 2, 103
フマル酸 102, 137
不溶性因子 69
プライマー 59, 161
プラストキノン 92
プラストシアニン 94
プラスミド 62
フラビンアデニンジヌクレオチド 120
プリン 42
フルクトース 1,6-ビスリン酸 136
フルクトース 6-リン酸 136, 139
プレプロインスリン 152
プレプロタンパク質 57
プロインスリン 152
プロキモシン 57
プロタンパク質 57
プロトン駆動力 86
　――と F_0 の回転 96
　――と細胞活動 97
　――の生成とその利用 88
　肥満と―― 98
　ミッチェルと―― 88
プロモーター 49
プロリン 52
分　化 17
分子モーター 96
分離の法則 38
分裂回数 34
分裂期 29

へ

平滑末端 67
並行複発酵 7
ベクター 63
β 酸化 110
ペニシリン
　――の作用機構 32
ペプチドグリカン 19
ペプチド結合 53
ペプチド鎖合成反応機構 56
ペプチド転移反応 150
ヘム 83
ヘム *b* 82
ペリプラズム 22, 57

ペルオキシソーム 24
ペントースリン酸経路 113, 138
　――の酵素反応 139
べん毛 14
　――の回転運動 96

ほ

包括固定化 168
胞　子 27
ホスホエノールピルビン酸 118, 136
2-ホスホグリセリン酸 136
3-ホスホグリセリン酸 136
ホスホグリセリン酸キナーゼ 119
ホスホクレアチン 119
ポリアクリルアミド 166
ポリ(A)テイル 51
ポリメラーゼ連鎖反応 160
ポルフィリン化合物 83
ホルミルメチオニン 54
ホルモン 69
翻　訳 47, 53

ま〜む

マトリックス 25, 92
水開裂酵素 93
ミッチェル, P. 88
ミトコンドリア 14, 25
　――での熱の発生とプロトン駆動力 98
　――の好気呼吸鎖 86
　――の呼吸鎖電子伝達系 91
ミニプロインスリン 156
　――の酵素転換 158
ミニプロインスリン法 156
ミラー・ユーリーの実験 10
無機化合物
　――を利用する生物 79
娘　鎖 58
娘細胞 26

索引

め, も

メタン生成菌　12, 79
　　――と嫌気呼吸　81
メチオニン　52, 54
メッセンジャー RNA　19, 47
メンデル, G. J.　37
酛（もと）　5

ゆ, よ

融解温度　43
有糸分裂　30
優　性　37
誘導期　27
優劣の法則　37
UCP　98
輸送タンパク質　123
ユビキノン　92

溶原化　65
葉緑体　25, 90
　　――の光合成電子伝達系　93

ら

読み取り枠　49
読み間違い　60

ラギング鎖　60
ラクトース輸送タンパク質　123
λファージ　65
ラン藻　12, 84

り

リガーゼ　67
リケッチア菌　107
リシン　52
リソソーム　24
リーディング鎖　59
リプレッサー　49, 109
リブロース-ビスリン酸カルボキシラーゼ　130
リブロース 5-リン酸　139
リボザイム　70
リボース　42
リボース 5-リン酸　128, 138

リボソーム　56
リボソーム RNA　19, 47
リポ多糖　21
リボヌクレオシド　42
リボヌクレオチド　42
硫酸還元菌　81
流動層型反応器　168
流動モザイクモデル　20
リンゴ酸　137
リン酸化反応　86
リン脂質　20

る〜ろ

RuBisCo　130

レーウェンフック, A. van　15, 17
劣　性　37
レプリケーター　61
レプリコン　61

ロイシン　52
Rhodococcus sp. N-774　167
Rhodococcus rhodochrous J1　167

永井和夫（ながい かずお）
1941年 東京に生まれる
1964年 東京大学農学部 卒
現 中部大学応用生物学部 教授
東京工業大学 名誉教授
専攻 細胞工学
農学博士

松下一信（まつした かずのぶ）
1949年 広島に生まれる
1971年 山口大学農学部 卒
1976年 名古屋大学大学院農学研究科
　　　　　　　　　博士課程 修了
現 山口大学農学部 教授
専攻 微生物生化学
農学博士

小林 猛（こばやし たけし）
1941年 高山市に生まれる
1963年 名古屋大学工学部 卒
現 名古屋大学大学院工学研究科 教授
専攻 生物工学
工学博士

第1版 第1刷 2002年9月13日 発行

応用生命科学シリーズ 1
応用生命科学の基礎

Ⓒ 2002

著 者	永　井　和　夫
	松　下　一　信
	小　林　　猛

発行者　小　澤　美　奈　子
発　行　株式会社 東京化学同人
東京都文京区千石3丁目36-7（〒112-0011）
電話 03-3946-5311 ・ FAX 03-3946-5316
URL: http://www.tkd-pbl.com/

印　刷　中央印刷株式会社
製　本　株式会社 松岳社

ISBN 4-8079-1420-0
Printed in Japan

応用生命科学シリーズ

編集代表　永井和夫

1. **応用生命科学の基礎**　　永井和夫・松下一信・小林　猛 著
2. **細胞工学の基礎**　　　　永井和夫・冨田房男・長田敏行 著
3. **微生物工学の基礎**　　　冨田房男・浅野行蔵 著
4. **植物工学の基礎**　　　　長田敏行 編
5. **動物工学の基礎**　　　　永井和夫・白畑實隆 著
6. タンパク質工学　　　　　松澤　洋 編
7. 酵　素　工　学　　　　　松澤　洋・松本邦男 編
8. **生物化学工学**　　　　　小林　猛・本多裕之 著
9. 生命情報工学　　　　　　榊　佳之・美宅成樹 編

■は既刊